日本全国まるごとおとりよせ

たかはし

集英社

みなさんこんにちは。
おうち大好き♡超インドア人間の
イラストレーターたかはしです。

ボクはたかはしさん家の旅好きハムスター、
タビィと申します！
このたび日本全国47都道府県の食の魅力を
巡る旅が終わり、戻ってきました～！

グルメなタビィは旅先でその**土地ならではのおいしいもの**をみつけるのが得意だから、
いつもおみやげが楽しみでね～♡

その場へいった気分を高めてもらいたくて
その土地で採れる材料を使ったものや、
昔から食されている郷土料理、菓子を
探しましたから！

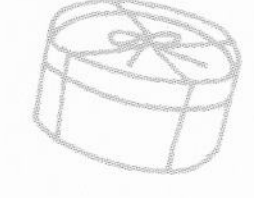

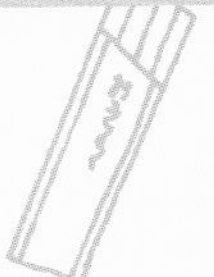

初めて食べたもの、
名前だけ知っていたもの…
いろいろみつけてきてくれたよね。
どれもおいしくて、誕生の由来なんかも聞きながら食べると、より味わい深く感じたりして…

おなじ国でも地域によってちがいますからね～。
食文化って！

そんな感想も含めた**イラストレポート**を
おいしいものを描くことが好きな
私が作りました！

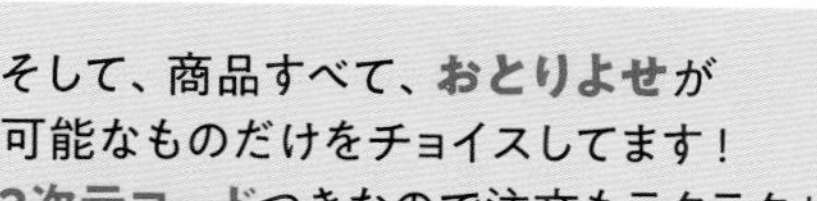

そして、商品すべて、**おとりよせ**が
可能なものだけをチョイスしてます！
2次元コードつきなので注文もラクラク！

時間がなくて旅行にいけない人…
旅先でのおみやげ選びが好きな人…
出張先でのおみやげを探している人…
おうちにいながら旅気分を味わうように
読んでいただけたら嬉しいです!!

Contents

中国・四国地方

九州・沖縄地方

・各商品の価格、仕様、店舗情報等は、すべて2020年3月現在のものです。
・「営業時間」と「定休日」は電話で注文、問い合わせ可能な時間、曜日を記載しています。店舗の営業時間、定休日と異なる場合があります。

めるかーど

おたる 桜（さくら）いぶしベーコン

"知る人ぞ知る"と聞くと ムショ〜に ワクワクしますが…
そのベーコンとは、北海道小樽市にある ヨーロッパ料理店・
めるかーど"の店主が作る こだわりの自家製品！

レストランの常連さんから評判を集め、試しに…と札幌のデパートで
試食販売したところ、一目ぼれならぬ 一口ぼれする人が続出し
完売！ それを機に商品化して 大人気となり、今はレストランを
休業して ベーコン作りに専念するまでになったんだとか〜

人生を変えたベーコンか…

北海道

おたる桜いぶしベーコン

MercadoM

こんな感じにカットされた
ブロック状のベーコンが
真空パックされて
届きます

"完全手作り"とうたう
だけあって…
豚肉の選定、つけこむ塩の量、塩抜き、
風干し、そして くんせいに使うチップまでも
小樽近郊の桜の木を店主自ら 丸太から
けずって作る、という徹底ぶり。そしてたっぷりの
くん煙で じっくりいぶしているので、

封を開けただけでも くんせいの
香りが わ〜っと広がる！
これだけで、お酒が飲めちゃいそう…

ベーコンといえば
つい薄切りにしたくなっちゃう庶民な私ですが
ここはひとつ、ぶ厚く切って軽く焼いて
シンプルに塩・こしょうで食べてみると…

うわっ うんまっ

口いっぱいに広がる濃く、
深いスモーキーな香りも
さることながら、豚肉の赤身と脂身のバランス、適度な塩加減がイイ!! プリプリした
かみごたえで、脂身はほんのり甘く、ジューシーなのにしつこくなく食べられる優秀さに
私も一口ぼれしました〜。こんなぜいたくな ベーコン初めてだ!!

スープやパスタソースに使えば、味がぐっとランクアップしそう…♪
ただ、いぶした香りが強いので、大人向けですね。ワインなどの
つまみに、そのままの味を楽しむのが最強かな、と思いました。
くんせい好きさん、肉好きさん、つまみを求めている のんべえさんに熱くオススメしたい一品です！

厚切りだと、ベーコンってより
ローストポークを食べてる
みたいですね〜

注文は次の見開きへ

洋菓子の店 ジャルダン

アップルパイ

大人も子どもも大好きなアップルパイを青森県からおとりよせしましたー！

青森県弘前市は日本一のりんごの生産地。市内では地元産のりんごでアップルパイを作る洋菓子店やパン屋が多く「アップルパイ激戦区」ともいわれてるんだとか！

第1回アップルパイコンテストでグランプリに輝いた洋菓子の店ジャルダンのアップルパイをセレクトしてみましたよ～

アップルパイ

箱を開けると～… ジャン!!

りんご形がキュート！

コンテスト出品の際に新たに考案したりんご形がインパクト大☆

わーっりんごがみっしり！

ぎゅむむむ～っ

中のりんごが飴色じゃなく白いですねっ

コレは食べる前から胸おどりますねー。さて、そのお味は…

お…っさっぱりした甘みだ！煮つめられてぎゅっとつまったりんごの甘酸っぱさがぶわっと口に広がるっ

うまっ

津軽りんご「紅玉」をとろりとやわらかく煮たタイプのアップルパイ。甘さは控えめで、シナモンやレーズンなどを使っていないシンプルな一品です。それゆえ、りんごの甘酸っぱさがどストレートに伝わります。北海道産バターを使ったパイ生地も香ばしくてサックサク！底のパイがベチャッとならないように煮りんごの下にカステラを敷いているんだとか。パイ生地も甘さ控えめで、りんごの甘みを引き立ててます。

青森

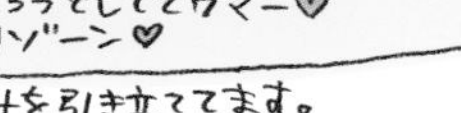

りんごの甘酸っぱいエキスを吸いこんだカステラがクリームみたいにとろっとしてウマー♡ おきに入りゾーン♡

お砂糖たっぷりの煮りんごが少々苦手な私でもこれはクセがなくしつこくないのでパクパク、大きめカットでもペロリ！といけちゃいました！

温めたパイにアイス添えもいいですね！

めるかーど

おたる桜いぶしベーコン

価格　3240円（税込・送料別）

内容量　700g　＊他の内容量販売もあり

日もちなどの注意事項
製造日含め40日（冷蔵）

住所	北海道小樽市最上1-12-13		
TEL	0134-25-5536	**FAX**	0134-25-5534
定休日	なし		
注文方法	FAX、ネット		

洋菓子の店 ジャルダン

アップルパイ

価格 3272円（税込・送料別）

内容量 18㎝ホール

日もちなどの注意事項
製造日含め5日（冷蔵）

住所	青森県弘前市富田3-1-6		
TEL	0172-32-6158	**FAX**	0172-32-6169
営業時間	9：30～19：00		
定休日	火		
注文方法	TEL、 FAX		

弘前シードル工房 kimori

kimori シードル

ドライ・スイート 2本セット

シードルというと外国製のイメージが強かったのですが、昨今の人気で日本製も続々と登場。
りんごといえば青森県、中でも生産量がダントツの弘前市でりんご農家が造るシードルを発見✨

kimoriシードル
ドライ・スイート2本セット

農園で育ったりんご「サンふじ」を皮ごとしぼり、果汁に天然酵母を加えてタンクの中でゆっくり発酵させたもの。
このシードルの特徴は"自然な製法"。

さらに、発酵の際に発生する炭酸をそのまま果汁にとけこませているから…

きめ細かで やさしい泡!!
口当たりがなめらかだから スルスル飲めちゃうよーっ

"スイート"はりんごをまるごとしぼったジュースのような濃い甘みがあり、"ドライ"はほのかな甘みを残しつつ、どんな食事にも合うキリッとした後味。どちらもりんごの風味を存分に味わった後にスーッと静かにアルコールがしみわたる感じで すごく飲みやすかったです。
自然の中で大きく深呼吸した時のような心地よさがあるお酒でした!

屋外飲みにオススメ～

注文は次の見開きへ

湯田牛乳公社

プレミアム 湯田ヨーグルト 加糖

岩手で評判のヨーグルトをみつけてきました〜

おおっ袋入り!? しかも大きい!

ずしっと800g

岩手県西和賀町にある湯田牛乳が作るプレミアム湯田ヨーグルトは珍しいアルミパウチ入り。その味は地元のみならず、SNSなどの口コミから全国でヒット中と知り、おとりよせしてみました！

岩手県産の生乳に生クリームを加えて、アルミパウチ内で発酵させたヨーグルト。

で、食べてみました…

期待を裏切らない、もっちりした弾力〜〜！さらにとろとろでなめらか!! ほどよい甘さでスイーツみたいっ

酸味はおさえめで、ミルクの自然な甘みと生クリームのコクが味わえます。

スッキリした後味の"プレーン"もあります

リピーターがふえるのも納得の、他とはひと味ちがう、とっておきなヨーグルトでした！

濃厚ヨーグルトがお好きな方はぜひ！

弘前シードル工房 kimori

kimori シードル

ドライ・スイート 2本セット

価格 1887円（税込・送料別）
内容量 ドライ・スイート各1本（各375ml）
日もちなどの注意事項
直射日光を避け、冷暗所で保存
※20歳未満の方への酒類の販売はいたしておりません

住所	青森県弘前市大字清水富田字寺沢52-3（弘前市りんご公園内）
TEL	0172-88-8936
営業時間	9：00～17：00
定休日	なし
注文方法	ネット

湯田牛乳公社

プレミアム湯田ヨーグルト 加糖

価格 670円（税込・送料別）

内容量 800g

日もちなどの注意事項
製造日含め19日（冷蔵10℃以下）

住所	岩手県和賀郡西和賀町小繋沢55-138		
TEL	0197-82-2005	**FAX**	0197-72-7108
営業時間	9：00～17：00		
定休日	土、日、祝		
注文方法	TEL、FAX、ネット		

ジンギスカンのあんべ

ラムカタロース肉（にく）

そう、岩手県遠野市は一人当たりの羊肉消費量が北海道と一、二を争うほどジンギスカンが盛んな街なんだそう。その遠野の老舗 **ジンギスカンのあんべ** から羊肉をおとりよせしてみました♪

ラムカタロース肉

ジンギスカン専門店らしく、ジンギスカン鍋や鍋＆バケツセットの販売もしています。

固形燃料

「ジンギスカンバケツセット」→

穴のあいたブリキのバケツ

岩手

手軽！

お肉と一緒にたのめば、即、野外でジンギスカンが楽しめるね

このバケツでジンギスカンをするのが遠野の定番なんだそうですよー

スーパーなどでも売ってるとか…

まず驚くのはラム肉の厚さ！ 見るからにボリュームあります
"ラム肉は牛肉同様、半生OK。むしろ焼きすぎないように！"とのガイド通り、ささっと焼いて秘伝のタレにたっぷりとつけてパク!!

ラム肉ってこんなやわらかかったっけ!?

口の中でモサモサする感ゼロですっ

…とビックリしたほど、今まで食べた肉厚のラム肉の歯ごたえとちがいました！

ラム肉はオーストラリア産ですが、仕入れてからベテランの職人さんがスジなどをていねいに取りのぞき、肉の繊維の流れる方向などを目視しながら手で切るのがこのやわらかさを生みだすこだわりなんだとか。モグモグするたびあふれでる肉の脂は甘みがあってジューシー。ラム肉特有の"獣臭さ"はすごく控えめで、いやな臭みはほとんどなかったです。
そしてお肉の旨みを一層引き立てるのがタレ！
これがまあラム肉の味とドンピシャにマッチしてて
えらく美味でした！ 甘すぎず、クドくなく、後味がピリッと辛く後引く味で、ごはんやビールが進むこと、進むこと…。このタレ目当てのお客さんも多いというのも納得です。

後味にぐわっとラム肉のワイルドな味が広がる〜

ラム肉はヘルシーだから心おきなくがっつける幸せ〜

野外バーベキューやガーデンパーティーなどを楽しむ季節にピッタリ♡の商品でした！

注文は次の見開きへ

ふじや千舟（せんしゅう）

支倉焼（はせくらやき）

支倉焼は、通の仙台みやげとの声を聞き、考案・製造している ふじや千舟さんより おとりよせしてみました～。

支倉焼

くるみ入りの白こしあんをバターたっぷりのクッキー風生地で包み、焼き上げた洋風和菓子。

昭和33年の誕生以来今でも ひとつひとつ手作りなんですって！

クッキー風生地とあんの相性が絶妙で、口当たりも甘さも とにかくまろやかでやさしい味。数ある和洋折衷菓子の中でも、これは ものすごく自然に和と洋がマッチしたお菓子でした！

くるみ入りのお菓子に弱いボク～

ジンギスカンのあんべ

ラムカタロース肉

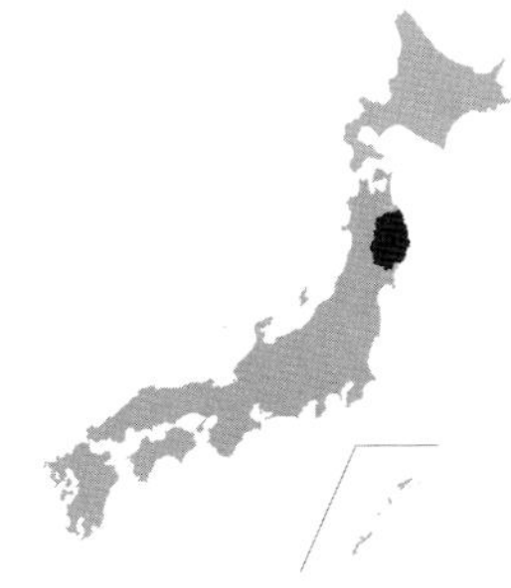

価格 1570円（税込・送料別）

内容量 肉300g（約2人前）、秘伝のタレ180g ＊肉は冷蔵か冷凍か選択可

日もちなどの注意事項
肉（冷蔵）は加工日より3日（5℃以下）、肉（冷凍）は加工日より30日（-18℃以下）。
タレは発送日より2週間（5℃以下）

住所	岩手県遠野市早瀬町2-4-12		
TEL	0120-029834	**FAX**	0120-029825
営業時間	9：00～17：00		
定休日	木		
注文方法	TEL、FAX、ネット		

ふじや千舟

支倉焼

価格 1209円（税込・送料別）

内容量 6個入

日もちなどの注意事項
製造日含め10日（常温）

住所	宮城県仙台市青葉区愛子東3-14-25		
TEL	0120-124-245	**FAX**	022-392-9771
営業時間	9：00～16：30		
定休日	水		
注文方法	TEL、FAX、ネット		

蜂屋食品（はちやしょくひん）

はちやの餃子（ぎょうざ）

大人も子どももみんな大好き餃子♡
お店によって、地域によって、味のバリエーションが様々なのも魅力のひとつ。今回は宮城県塩釜市でみつけた老舗餃子専門店が作る野菜たっぷり餃子をご紹介しまーす✨

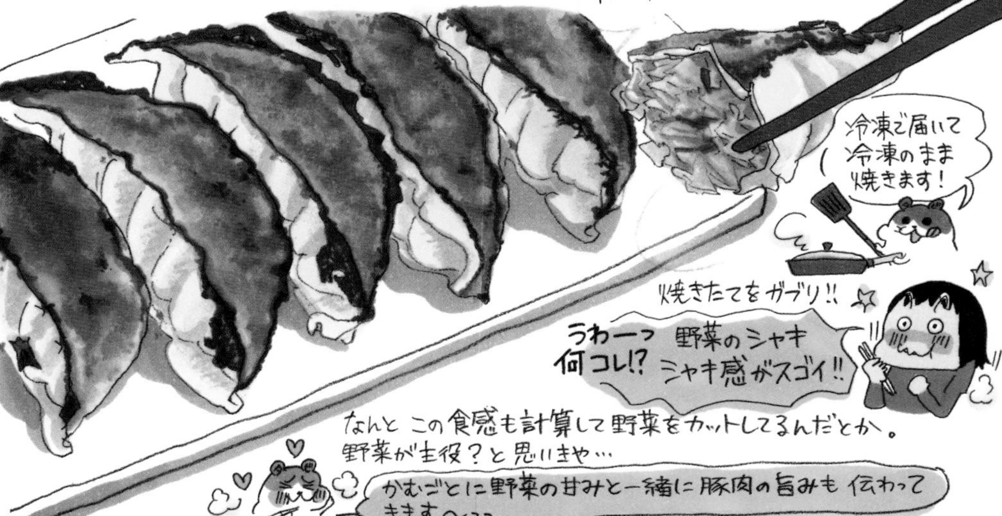

なんとこの食感も計算して野菜をカットしてるんだとか。
野菜が主役？と思いきや…

かむごとに野菜の甘みと一緒に豚肉の旨みも伝わってきます〜っっ

野菜と肉のバランスも絶妙。

そしてあんにしっかり味がつけられニンニクとニラの風味もきいているのでさっぱりしてるのに食べごたえがあります！この食欲そそる味はまちがいなくごはんもビールも進みます☆ パワーみなぎる美味餃子でした〜!!

注文は次の見開きへ

みうら庵(あん)

もちもち三角(さんかく)バター餅(もち)

マタギ姿で こんにちは～ 今回は…

彼らの携帯 保存食として 伝わった バター餅を 紹介しまーす！

バター餅は古くから伝わる北秋田の郷土菓子。見るからにやわらかそうなビジュアルにそそられ、地元民に人気の高いみうら庵のものをおとりよせしました♡

もちもち三角バター餅

もちもち三角 北秋田市阿仁前田【バター餅】 北秋田市阿仁前田みうら庵

多くのバター餅は四角いけれどここのはぶ厚い三角形！

ついたもち米に、バターや小麦粉、卵黄、砂糖などをまぜ加えて作るおもち。

バターを入れることで、時間がたってもおもちのやわらかさが保たれる、というだけあって… このもちもち感！

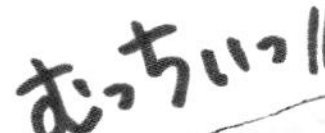

やわらかさの中にも弾力があり歯切れのよい絶妙なむちむち具合です。

ほんのり甘くて まろやかで… 少しの塩気もきいてて こわいくらい 食べ続けて しまう…っっ

かむたびに ふわふわ～っと とけてゆく～♡

たまらん～っっ

ウフフ…

素朴な姿に反して高カロリーではありますが、もちもち好きな方に全力でオススメしたい一品です！

たかはしさん絶賛のもちもち食感♥

蜂屋食品

はちやの餃子

価格　690円（税込・送料別）

内容量　15個入（300g）

日もちなどの注意事項

製造日含め90日（冷凍）

問い合わせ

住所	宮城県塩竈市貞山通3-3-27		
TEL	022-364-8211	**FAX**	022-366-7605
営業時間	10：00～18：00		
定休日	日、祝		
注文方法	TEL、FAX、ネット		

みうら庵

もちもち三角バター餅

価格　430円（税込・送料別）

内容量　6個入

日もちなどの注意事項

製造日から7日（冬季）／5日（夏季）＊共に常温

住所	秋田県北秋田市阿仁銀山字下新町41-1 （秋田内陸線オンラインショップ）
TEL	0186-82-3231（秋田内陸線オンラインショップ）
営業時間	9：00～17：00
定休日	土、日、祝
注文方法	ネット（秋田内陸線オンラインショップ）

玉谷製麺所

生・たまやの冷たい肉そばセット

そば屋の店舗数が全国平均の倍あるという山形県。そんなそば好き県民が昔から愛食している河北町・谷地発祥の**肉そば**を玉谷製麺所よりおとりよせしてみました！

生・たまやの冷たい肉そばセット

地元のそば屋で食べる味を忠実に再現しようと作られた生そば、専用つゆ、具がセットで届きます。

「肉そば」とは…やや太めの田舎そばでつゆは鶏+カツオだしのしょうゆ味。具は親鶏肉の薄切りとネギがメイン、という冷たい汁そば。

そばも鶏肉も弾力ある歯ごたえ～!! どちらも風味濃厚っ

コリコリ!! シコシコで

澄んだつゆは甘めでコクがあってホッとするおいしさ～♪

はじめはかみごたえのある鶏肉とそばに驚きつつも慣れるとクセになる不思議！つゆが冷たくそばがのびにくいのでじっくりかみしめて味わえるのが嬉しい♥

お酒に合いそう～ 七味きかせたりして…

なんて思っていたら、かつてそば屋で酒の肴として親しまれていたというのが発祥の由来と知り、超納得！素朴ながら力強いおそばでした～。

注文は次の見開きへ

四季の菓子 松林堂 バター最中

今回はバター入りの最中です!!

あんこ×バター!? それ最強の組み合わせ〜〜〜!!

福島県相馬市で120年続く老舗和菓子店松林堂で、ちょっと攻めてる最中を発見! おとりよせしてみました〜。

バター最中

4代目店主が学生時代に好きだったパンの味からヒントを得て考案したのだとか。

中はつぶしあんとバターの二層構造。

どこから食べてもあんこ×バターが味わえますネ

あんの甘みとバターのしょっぱさ&なめらかさが調和して…どちらも主張しすぎず、甘さや分量、皮とのバランスなどが絶妙!と感じました。

ハイ!! 文句なしにおいしいですっっ

トースターで10秒ほど加熱すると皮がサクサク香ばしくなって美味でした

冷凍庫で凍らせるのもおいしいそうな♡

おともの飲みものは牛乳がマスト!な個性派最中でした〜。

バター醤油やキャラメル風味など種類も豊富!

玉谷製麺所

生・たまやの冷たい肉そばセット

価格　1836円（税込・送料別）

内容量　4食分（月山そば×4、専用つゆ×4、肉そばの肉×2、長ネギ×1）

日もちなどの注意事項
製造日より6日（冷蔵）

問い合わせ

住所	山形県西村山郡西川町大字睦合甲242		
TEL	0120-77-5308	**FAX**	0120-77-5506
営業時間	9：00～17：30		
定休日	火		
注文方法	TEL、FAX、ネット		

四季の菓子 松林堂

バター最中

価格　1447円（税込・送料別）

内容量　10個

日もちなどの注意事項

製造日含め3週間（常温／真夏は15℃以下）

住所	福島県相馬市中村字荒井町51		
TEL	0244-35-3442	**FAX**	0244-35-0068
営業時間	9：00～19：00		
定休日	日		
注文方法	TEL、FAX、ネット（美味いもん相馬本家）		

天狗納豆（てんぐなっとう）

そぼろ納豆（なっとう）

ですよね〜
その水戸で
"納豆のお惣菜"を
みつけました〜

納豆の里、茨城県水戸市で昔から保存食として
家庭で作られていたという地元ではとてもポピュラーな
お惣菜 **そぼろ納豆**。

そぼろってひき肉？
どんな感じなんだ？？

と、

水戸納豆の老舗
天狗納豆から
おとりよせしてみました。

そぼろ納豆

水戸 名産 そぼろ納豆

そぼろ納豆の正体は、納豆と
刻んだ切り干し大根をまぜ合わ
せたもの！

まぜ合わせたものをしょうゆを
ベースにした調味料につけ
こんであるので味つけ
せずにすぐに
食べられます。

やわらかい納豆と
切り干し大根の
コリコリした歯ごたえが
絶妙〜っ

納豆にねばり気がない
ので、食べやすい＆他の食材と
まぜたり…がしやすいのも
よいです♪

口に入れた瞬間は、いつも食べている"しょうゆを入れまぜた納豆"で、「ん？」となるも、
切り干し大根の食感と、かみしめると広がる旨みによって深〜い味わいになり、
自然と一口、もう一口…と箸が進みました。

ごはんにかけるのはもちろんのこと、味つけが
しっかりされているのでお酒の肴にピッタリ。
個人的にはネギとわさびをのせたお茶づけが
美味でした♡
シンプルだけど、"長い間食べ続けられてきた味"
というのがわかる親しみやすい一品でした。

さらさら入るから
食欲のない時や
飲みのしめに
グーです
ねー

注文は次の見開きへ

温泉ぱん株式会社

喜連川名物 温泉パン（元祖）

あ！温泉パン!! 知ってるけど食べたことなかったー！

今回は栃木県喜連川温泉名物のパンですヨー

地元ではその名がつく前から愛されていた歴史あるパンで、もちもちした食感が人気だという温泉パンをおとりよせしてみました！

喜連川名物
温泉パン（元祖）

元祖
温泉パン

温泉水を使って作られたパン？と思いそうですが、町の事業で温泉が湧きでた際に記念として命名されたんだとか。

持ってみるとずしっと重く、ごつい手ざわりで「固い？」と思いながらそのまま一口…

全然固くない!!

強めの弾力＆歯にしっとり吸いつくようなもちもち感〜!!

例えるなら… 低反発マクラのよう!!

一瞬でとりこになるほどの絶妙〜なかみ心地です！

生地にはほのかな甘みがあって、かめばかむほどおいしい〜♡ そのまま食べるのはもちろん、レンチンすると"ふわもち"に、スライスしてトーストすると"サクもち"に…と いろんな食感が楽しめます。

食べているといつしか「無」になってしまうハイパーなもちもちパンでした！

もっぎゅ 集中… もっぎゅ

このパン、日もちするところもいいですね！

天狗納豆

そぼろ納豆

価格　648円（税込・送料別）

内容量　300g

日もちなどの注意事項

製造日含め2週間（冷蔵）

住所	茨城県水戸市柳町1-13-13		
TEL	0120-109-083	**FAX**	029-224-5733
営業時間	8：30～17：20		
定休日	なし（1/1休み）		
注文方法	TEL、 FAX、 ネット		

温泉ぱん株式会社

喜連川名物温泉パン（元祖）

価格　535円（税込・送料別）

内容量　3個入

日もちなどの注意事項
製造日より15日（常温）

住所	栃木県さくら市早乙女95-6		
TEL	0120-16-6627	**FAX**	0120-55-7870
営業時間	9：00～17：00		
定休日	土、日、祝（店舗は定休日なし）		
注文方法	TEL、FAX、ネット		

平井精肉店（ひらいせいにくてん）

オランダコロッケ

オランダコロッケとは、2000年に開催された「オランダフェスタ inたかさき」にて誕生したご当地コロッケ。オランダコロッケといえばココ！と地元で人気が高い平井精肉店よりおとりよせしてみました！

オランダコロッケ

オランダではコロッケが自販機で買えるほどの人気食なんだとか！そのオランダのコロッケをベースに、日本のコロッケと融合させてできたのがコチラ～✧✧

ジャガイモにベーコン、タマネギ、パセリを練りこみ、そのタネのまん中に数種のナチュラルチーズを入れた俵形コロッケ。

にゅ～～ん

揚げたては中のチーズがよくのびます～～っっ

タネに味がしっかりついてるからソースなしでパクパク食べられちゃう～!!

おいしっ　ハフハフ

こしょうがきいててスパイシー。パセリの香りもよく…ワインやビールに合いそ～♡

チーズがたっぷりなので、ひとつで大きさ以上の満足感あり!!
サクッほわっとろ～り♡と五感で楽しめるよくばりコロッケでした！

注文は次の見開きへ

フリアンパン洋菓子店（ようがしてん）

みそパン

ボク、旅にいったら その土地のパン屋さんを のぞくの、好きなんですよ〜

あ〜！その土地ならではの パンってけっこう あるんだよね〜！

…というわけで、今回は**群馬県沼田市**発祥の名物 みそパン を ピックアップしましたぞよ

みそパンは他に北海道や長野、福島などにも あって、みそを練りこんで焼いたタイプや蒸した タイプなどがあるんだ〜

みそパン リスト

群馬県民の間では超メジャーなパン屋さん、フリアンパン洋菓子店が、まんじゅうに甘みそをぬって焼いた群馬名物"みそまんじゅう（焼きまんじゅう）"をヒントに考案したのが この みそパン！

みそまんじゅうは、口や手に みそがついて食べにくいので パンにぬってみては…？と いうのが誕生のきっかけ なんだそうです

みそパン

今やスーパーやコンビニなどでもフツーに 売られている群馬県民にはすっかり おなじみの商品で、1972年からある、ご当地パンの重鎮です。

大理石使用の特製窯で 焼き上げた白いソフトフランスパンに、自家製の甘みそダレを たっぷりぬって サンドしたもの。

みそは かなり こてこてにぬられてマス☆

甘みそダレの味は みそまんじゅう同様、

おっう…っ これはかなり パンチのきいた 甘じょっぱさだ〜っ

みそのコクと甘みが濃く、ズドン！と力強い風味です。この独特なみその味に意識が集中してしまいがちですが、みそとフランスパンの相性は何の違和感もなくナチュラルにマッチ。パンは適度にかみごたえがあるので、甘みその濃さとあいまって ひとつでもかなりボリューミーでした。

このみその味に好き嫌いが分かれそうですが、実家の煮ものの味つけが甘めで濃いめの人には後引くクセになる味では？

初めて食べても、どこか懐かしく、たまに 思い出してムショーに恋しくなるような 郷愁あふれるパンでした。

この みそパンに マーガリンをプラスした

みそバター

は 若者に人気があるとか…。

低カロリーの 特製マーガリンが こちらもこってり

きゃ〜っと濃かった みその風味が まろやかに〜♡

マーガリンのコクも 加わり、オツな味。

ボクは「みそまんじゅう」も好きですよー

平井精肉店

オランダコロッケ

価格　160円（税込・送料別）

内容量　1個　＊1560円／10個入（税込・送料別）などセット販売もあり

日もちなどの注意事項
発送日から3週間（冷凍）

住所	群馬県高崎市大橋町7-18		
TEL	027-322-3625	**FAX**	027-322-3625
営業時間	10：00～18：00		
定休日	日、祝		
注文方法	TEL、FAX、ネット		

フリアンパン洋菓子店

みそパン

価格　180円（税込・送料別）

内容量　1個

日もちなどの注意事項
製造日含め3日（常温）

住所	群馬県沼田市高橋場町2081		
TEL	0120-312-252	**FAX**	0278-20-1812
営業時間	9：00～18：00		
定休日	なし		
注文方法	TEL、FAX、ネット		

ダンテ

チーズケーキラスク

チーズケーキを形そのままにラスクにした、お！と目を引く一品をご紹介します♪
埼玉県浦和にある 手作り チーズケーキ専門店 ダンテで みつけましたよ〜。

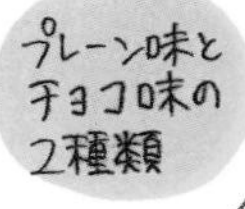

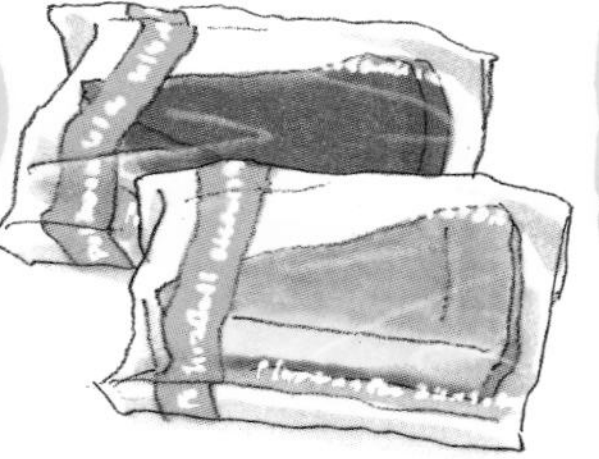

チーズケーキラスク

埼玉県産の小麦粉、
フレッシュミルク等 こだわった素材を
使用し、職人技で 焼き上げる
チーズケーキ"ベイクドダンテ"は
この お店人気 No.1。
どっしり濃厚なチーズの風味が
味わえるそのケーキを
低温でじっくり 乾燥させたのが このラスク。

ん〜！
ラスクッというより ショートブレッドのような食感だ〜！ おもしろい！
生地がみっちりつまってて "コリッ"と歯ごたえアリ！

かみしめていくと、ほろほろくずれたラスクから ゆ〜っくりじゅわじゅわ チーズの風味が広がってきた〜と思ったら口の中が一気に チーズケーキに！ これは なかなか新食感！

私はチョコ味が コクがあって 好みでした
日もちをあまり 気にせず 贈れるから ギフトにも◎！

ラスクなのに濃厚で、生ケーキより食感や後味がライト…と ケーキとは またちがった味わいに見事に変化させた 焼き菓子でした！

注文は次の見開きへ

東葛ご当地商品開発実行委員会
柏カレーセット

近頃よくみかける"ご当地カレー"。今回、レトルトカレーの域を超える味!と評判のカレーを千葉県柏市で発見☆おとりよせしてみました〜。

柏カレーセット

トマトをはじめとする野菜や豚肉などの食材ほとんどが柏&柏周辺産で、市内のインドカレーの名店 ボンベイがオリジナルスパイスで仕上げたパウチ入りカレーです。

ゆで卵がまるごと1個入ってる〜!おもしろい!

たちのぼる香りだけで胃袋つかまれる感じ〜っ

スパイシ〜

じゅる〜っ

で、お味の方は…

しっかりとしたスパイスの刺激がありつつの**ひき肉の甘みがスゴイ!!**

うんまっ

辛さは**中辛**です

霜降り豚肉の粗びきを使用しているそうで、むちむち〜っとした食感もイイ♡かみしめるたびに広がるお肉の旨みとたっぷりトマトがとけこんだフルーティーなルーに甘口カレー好きの私でも辛さを楽しみながら一皿ペロリ!すっかりレトルトなのを忘れてしまうほどの本格インドカレーでした!

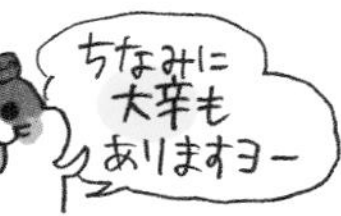

ゆで卵の白身に味がしみてて美味!

ダンテ

チーズケーキラスク

価格　885円（税込・送料別）

内容量　5個入（プレーン×3、チョコ×2）

日もちなどの注意事項

到着日より1か月（常温）

住所	埼玉県さいたま市浦和区元町1-31-15		
TEL	048-883-8600（工房店）	**FAX**	048-767-4103
営業時間	9：00～18：00		
定休日	なし		
注文方法	TEL、 FAX、 ネット		

東葛ご当地商品開発実行委員会

柏カレーセット

価格　5076円（税込・送料別）

内容量　7個入 ＊中辛キーマ(180g)×2、 大辛キーマ(180g)×1、 辛口骨付チキン(250g)×2、激辛カシミール骨付チキン(250g)×2

日もちなどの注意事項
製造日より1年（常温）

住所	千葉県我孫子市根戸979
TEL	04-7183-9800
注文方法	ネット

ラ ボンヌ テリーヌ

プティ・テリーヌコレクション（オードブル）

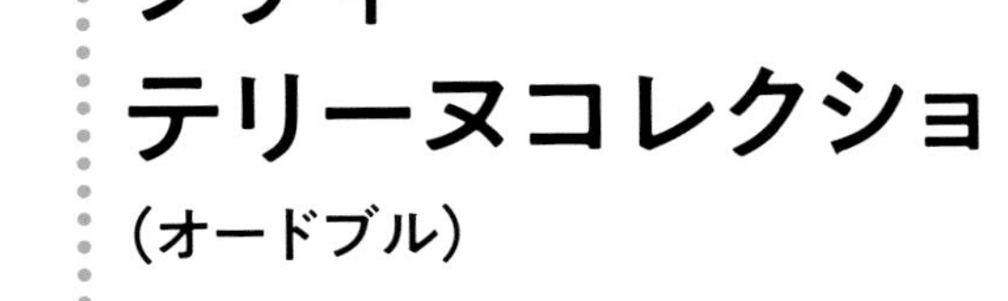

有名レストランが多く集まる東京で、13年連続ミシュランガイドの星を獲得しているフレンチレストラン レザン ファン ギャテ。そのお店で絶賛されるテリーヌをおとりよせできると知り、とりよせ専門の工房 ラ ボンヌ テリーヌをチェックしてみました〜!

オシャレな箱を開けてみると…

プティ・テリーヌコレクション（オードブル）

直径約4cmのかわいい姿のテリーヌが9種類ずらり!

ほ、宝石みたい〜っ

食べる前のうっとりタイム必須です。お肉、魚介、野菜、豆…と素材が豊富で色鮮やか!

そのお味は… はあぁ〜〜っ

やさしいのに濃厚〜っ ほっぺがゆるむリッチな味わい〜♡
これが星つきフレンチの味か〜

中でもAとFが好みでした!

計算されつくしたおいしさと美しさ!
ワインやバゲットとじっくり味わいたいぜいたくな一品です。

少人数のホームパーティーはもちろん、レストランにいけない〜という赤ちゃんのいるママにも喜ばれそう✨
洋風おせちとしてお正月の手みやげにしてもすてきです!

A.田舎風テリーヌ B.鶏胸肉とケール、フランス産古代麦、キヌア入り野菜のテリーヌ（ハーブヨーグルトソースつき） C.ジャンボン・ペルシェ（ハムとパセリのテリーヌ） D.魚介のリエット（オレンジ風味） E.ほろほろ鳥とフォアグラ、レンズ豆のテリーヌ F.トウモロコシと枝豆のテリーヌ G.鶏肉と豚足のテリーヌ H.スモークサーモンと香草入りクリームチーズのテリーヌ I.プレミアム田舎風テリーヌ

注文は次の見開きへ

パティスリー カルヴァ

ロンロン

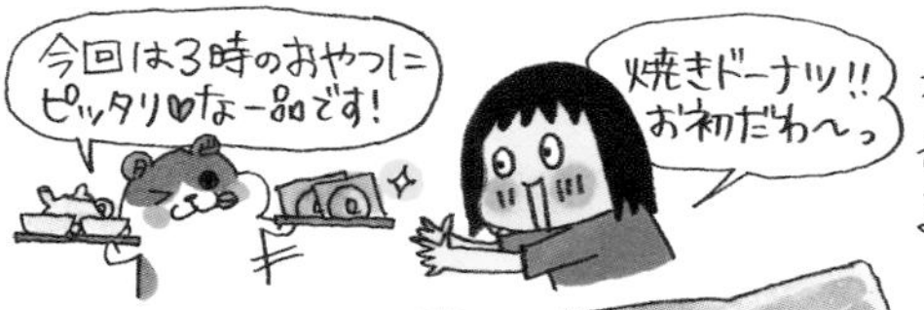

今回は3時のおやつにピッタリ♡な一品です!

焼きドーナツ!!お初だわ〜っ

神奈川県大船の、パティシエが作る焼きドーナツが絶品♡と知り、地元の人気店 パティスリー カルヴァより おとりよせしてみました!

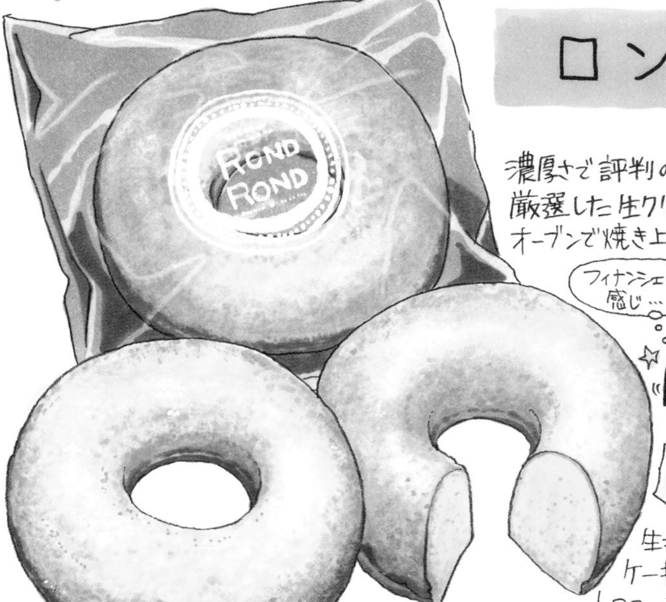

RoND RoND

ロンロン

濃厚さで評判の栃木 那須御養卵と厳選した生クリームとを合わせた生地をオーブンで焼き上げたドーナツです。

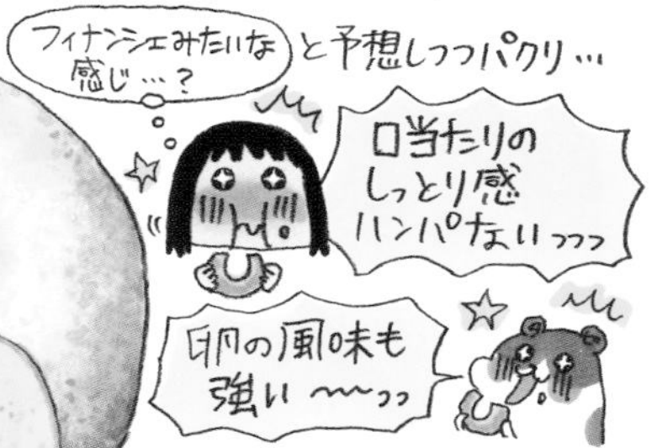

（フィナンシェみたいな感じ…?）と予想しつつパクリ…

口当たりのしっとり感ハンパないっっっ

卵の風味も強い〜〜っっ

生地のキメを細か〜〜くしたケーキのような…。ふわふわしつつ、みずみずしいほどのしっとり感が共存する新感覚に驚きました!

通常、ドーナツには生地にバターを使いますが冷めて固くなるのをさけるため ロンロンにはサラダ油を使用。それがこの独特の口当たりを生んでいるのだとか。

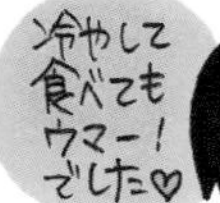

卵の風味がぎっしりつまっていて、ひとつで満足感あり!
手頃なお値段でコスパも高し!
ケーキのような上品さもある口福ドーナツでした!

形がくずれないよう、専用箱でお届けします

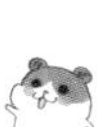

ラ ボンヌ テリーヌ

プティ・テリーヌコレクション

（オードブル）

価格　5400円（税込・送料別）

内容量　約25g×9種

日もちなどの注意事項
出荷日含め30日（冷凍）

住所	東京都渋谷区代官山町8-19 La Grace代官山1F		
TEL	0120-47-1919	**FAX**	03-6455-1002
営業時間	11：00～19：00		
定休日	月		
注文方法	FAX、 ネット		

パティスリー カルヴァ

ロンロン

価格　888円（税込・送料別）
内容量　6個BOX
日もちなどの注意事項
発送日から2日（常温）

住所	神奈川県鎌倉市大船1-12-18 エミールビル1F
TEL	0467-45-6260
営業時間	10：00〜20：00
定休日	火、水
注文方法	ネット

葡萄屋kofu
ラムレーズンサンド

国内に出回っているレーズンのほとんどが輸入によるものといわれていますが、ここ数年じわじわ知名度を上げてきたのがフルーツ王国山梨県産のレーズン。

そのレーズンにスポットをあてた一品を葡萄屋kofuよりおとりよせしました!

ラムレーズンサンド

RAISIN SAND

大粒で甘みの濃い巨峰をラム酒と蒸留酒につけこんで作られたラムレーズン。
それを3粒ゴロリとホワイトチョコクリームの上にねそべらせて、サブレではさんだレーズンサンドです。

皮の中から弾けるように出てくるぶどうの果肉がとってもジューシー!!
これは私が知ってるレーズンじゃない!!

果実の水分を多く残す"レアドライ"という手法を使った生レーズンなんだそう〜

独特の香りが気になってレーズンってたくさんは食べられない私…でしたが、これはレーズンの概念が一新されたくらいぶどうの旨みがストレートに伝わります。
そして鼻に抜けるお酒の香り… ん〜♡リッチ!

そして、レーズンを引き立たせるためにこだわって作られたコクのあるクリームとサクサクとしたサブレの三味一体感が秀逸です!
数あるレーズンサンドの中でも抜きん出てぶどうが主役✧な、ぜいたく大人スイーツでした!

注文は次の見開きへ

松仙堂
純栗ペースト

栗の名産地で、あちこちに栗菓子店が並ぶ長野県小布施町。その町の中心地から少し外れた栗林の中にある、知る人ぞ知る栗菓子店 松仙堂から おとりよせしました！

純栗ペースト

店の周りの栗林で自園栽培している小布施栗だけを使い、煮つぶし 練り上げてペースト状にしたもの。

原料は栗と砂糖のみ！

トーストにぬるとおいしい、と聞き実行…の前にそのまま一口…

わわわっ
じわじわ広がる栗の味が超濃くてうまいっっ

即ノックアウト。

ねっとりした舌ざわりの後に、栗のほこっとした風味と上品な甘みが広がって…本当にピュアな味わいです〜。ペーストなので和にも洋にもアレンジして楽しめるのもグー♡

和栗の おいしさをじ〜っくり堪能できる秀逸な一品でした！

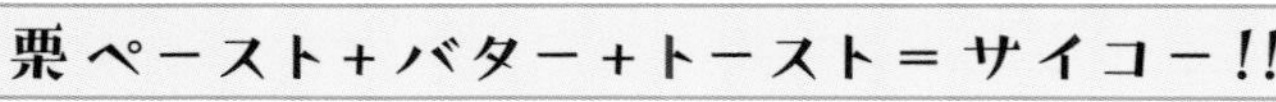

葡萄屋kofu

ラムレーズンサンド

価格　216円（税込・送料別）

内容量　1個

日もちなどの注意事項

到着日含め5日（25℃以下）

住所	山梨県甲府市丸の内1-1-25 甲州夢小路F-104
TEL	055-254-8865
営業時間	11：00～18：00
定休日	なし
注文方法	ネット

松仙堂

純栗ペースト

価格　1523円（税込・送料別）

内容量　2ビン入

日もちなどの注意事項

製造日より1年（常温）

問い合わせ

住所	長野県上高井郡小布施町飯田607		
TEL	026-247-3262	**FAX**	026-247-3854
営業時間	8：00～18：00		
定休日	なし		
注文方法	TEL、 FAX、 ネット		

豆撰（まめせん）
栃尾の油揚げ（とちおのあぶらあげ）

今回は新潟県の栃尾名物ジャンボ油揚げをご紹介～。
約300年前の江戸時代から伝わるというこの油揚げの特徴はなんといっても大きさ！一見、厚揚げともまちがえそうな迫力あるビジュアルです。
大きさ、味、共に日本一の油揚げとして全国的に有名になり、今では栃尾市（現在は合併で長岡市）周辺に14軒あまりの油揚げ屋さんがあるんだそうです。その中の、おとりよせのできる豆撰で油揚げをゲットしましたヨ♪

地元ではあぶらげっていうんだそうですヨ

栃尾の油揚げ

お初でいただくには、やはりシンプルに…とフライパンで両面をカリカリに焼いてみました。一口サイズに切って、おしょうゆをたらして…焼きたてをいただきまーす！

見て！この肉厚さ!!

1か所ある大きな穴は、手揚げした後、油切りのため串に刺した時のもの。

こうやってしっかり油切りするので、油抜きなしで食べられるんだそうです。

外側カリカリッ中身むちむちふっくらおいしー!!

思わずガッツポーズ！

大豆の香りとほのかな甘みが口に広がりますー

ほふ ほふ

油揚げとなる生地は新潟県産大豆を100％使用。生しぼりで作った生地を菜種油で低温でじっくり、高温でカラッと、の2度揚げをするため外はカリッ中は芯までふわふわの仕上がりになるんだそう。
ボリュームあるし、半分くらいでおなかいっぱい？と思いきや、カリ！ふわ！じゅわ！の食感がたまらん♥ のと、本当にカラリと揚がっているので油っこくなくパクパクいけちゃいました。焼き油揚げはおつまみにサイコーです♪
厚みがあるので、切りこみを入れてネギや納豆、チーズなどを入れたり…とアレンジもいろいろできるし、おみそ汁などの汁ものも文句なしに合いますよね。
寒い時期には豚汁や鍋ものに入れればハフハフジューシー度のアップする一品だと思います！

飲み会の手みやげなんかにも渋くていいかも～

注文は次の見開きへ

へんじんもっこ
焼(や)きソーセージ

"もっこ"とは、佐渡の言葉で頑固者という意味。その名の通り頑固なまでにこだわって作る質の高いハムやソーセージが人気の工房です。

焼きソーセージ

防腐剤や着色料などを使用しない本格ドイツ製法で作られた焼いて食べる白ソーセージ。

使用しているお肉は新潟県産の豚肉100％。
両面をグリルしてパクリ‥‥！

ブシュッ
肉汁から旨みまで、豚肉のおいしいところすべて凝縮されてる〜〜〜っ
あふれる肉汁☆キター！

皮はソフトで食べやすく、中はジューシーでほどよくスパイスがきいていて‥‥
ビールがほしくなる味!!
色白な見た目とはうらはらに、ガッツリ骨太な旨みが味わえるソーセージでした！

特別な日に食べたい、ごほうびソーセージ☆

豆撰

栃尾の油揚げ

価格　2600円（税込・送料込）

内容量　5枚セット タレつき（油揚げ×5、甘みそ×1、塩さんしょう×1）

日もちなどの注意事項

製造日含め5日（冷蔵）／2か月（冷凍）

住所	新潟県長岡市栄町2-8-26		
TEL	0120-05-5006	**FAX**	0258-53-2177
営業時間	9：00〜18：00		
定休日	なし（お盆明け4日、年末年始休み）		
注文方法	TEL、FAX、ネット		

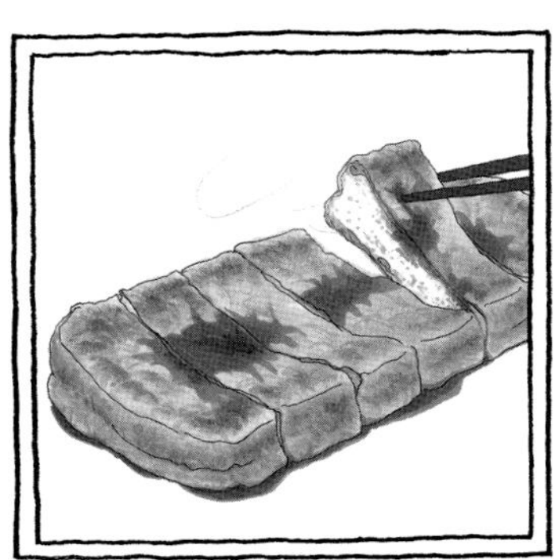

へんじんもっこ

焼きソーセージ

価格　600円（税込・送料別）

内容量　5本入（160g）

日もちなどの注意事項
出荷日より14日（冷蔵）／2か月（冷凍）

住所	新潟県佐渡市新穂大野1184-1		
TEL	0259-22-2204	**FAX**	0259-22-2448
営業時間	9：00～17：00		
定休日	なし（1、2月は日曜休み）		
注文方法	TEL、FAX、ネット（楽天市場）		

高野もなか店
最中の皮屋のもなか

今回は最中…ではなく、最中の"皮"を主役にした新感覚和スイーツをピックアップ！富山県八尾にある、最中の皮だけを作り続けて70年余の老舗 高野もなか店からおとりよせしました〜。

最中の皮屋のもなか

作りたてをパックしたスティック状最中の皮とビンづめのつぶあんがワンセット。この皮でディップのようにあんをすくって食べる最中なんです。おもしろい！

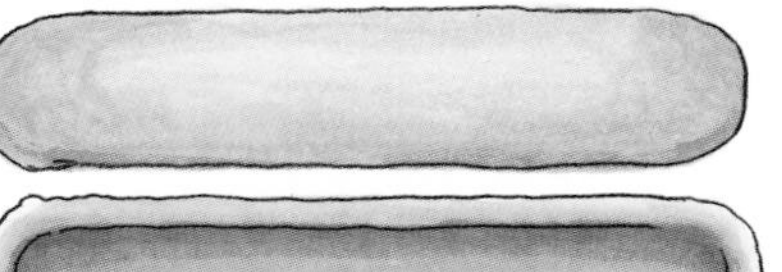

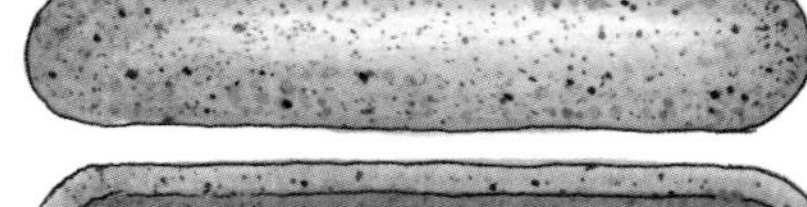

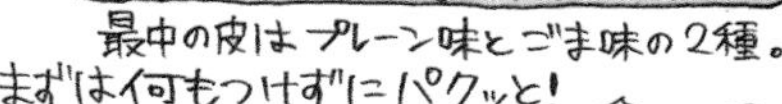

最中の皮はプレーン味とごま味の2種。
まずは何もつけずにパクッと！

サクッ
うわっ いい歯ごたえ！でもって最中の皮ってこんなに香ばしいんだー!!

お店のおかみさんお手製のつぶあんも、とろっとほくっとおいしいです〜
サク サク

富山県産のもち米を使って作られるこの皮は、製粉から生地作り、焼きまですべて手作業。感動すら覚えるサクサク感と口の中でふわ〜っと広がるもち米の風味はたしかに脇役にしとくのはもったいない!!
和菓子の名脇役が主演をつとめる音までおいしいユニークな一品でした！

あんこ以外にもアイスやクリームチーズなど食べ方いろいろでホームパーティーにもよさそう♥

注文は次の見開きへ

イルピアット ハタダ

まんでとまと

石川県能登にあるイタリアンレストラン、イルピアット ハタダ のシェフが作るトマトソースが美味✧と知り、おとりよせしてみました！

まんでとまと

能登産のタマネギ、ニンジン、ニンニクを炒め、たっぷりのトマトを加えて約6時間煮こみ、塩のみで味つけしたシンプルなトマトソースです。

商品名の"まんで"とは"とても、すごく"という意味の能登の方言。

トマトと野菜の旨みがソースにぎゅーっと濃縮されていてとてもフレッシュ！余計な味つけがされてないぶん、いろいろな具材とも相性◎。煮こみ料理やピザトーストなど用途はいろいろ♪

まんでとまと（お肉入り）もオススメ!!

「お店の味を家でも食べたい」という常連客の声から生まれたソースなだけあっておうちで本格イタリアンが楽しめちゃいます。料理好きの人も時短料理したい人にも嬉しいおいしいトマトソースでした！

ソースによく合う生パスタも販売しています

高野もなか店

最中の皮屋のもなか

価格　756円（税込・送料別）

内容量　もなかの皮×24、つぶあん35g

日もちなどの注意事項
製造日含め約2か月（常温）

住所	富山県富山市八尾町石戸872-2		
TEL	076-454-2728	**FAX**	076-454-2900
営業時間	8：00～19：00		
定休日	水		
注文方法	TEL、FAX		

イルピアット ハタダ

まんでとまと

価格　2124円（税込・送料別）

内容量　「まんでとまと」「まんでとまとお肉入り」セット（各350g）

日もちなどの注意事項
製造日より8か月（常温）

住所	石川県七尾市小島町大開地1-5		
TEL	0767-58-3636	**FAX**	0767-58-3636
営業時間	9：00～21：00		
定休日	水		
注文方法	TEL、 FAX、 ネット（Yahoo！ショッピング）		

にしさか
酒まんじゅう

今回は福井県で祝いごとや祭りに配られるという おまんじゅうでーす

へぇ！

酒まんじゅうを配るんだ〜！

婚礼時には"まんじゅうまき"の風習もあるとか。

福井県三国町では、古くから伝わる製法で作る 酒まんじゅう が名物。一見まんじゅうっぽくない風貌に魅かれて 老舗にしさかからおとりよせしてみました〜。

平たい形と目にとびこんでくる大きな焼き印がインパクト大！

酒まんじゅう

もち米と麹で 甘酒を造り熟成させ、そこへ 小麦粉を加えて さらに発酵熟成させた生地にあんを包んで蒸したもの。

大きさは約8cmφ

温め直した皮からほわっとのぼる甘酒の香りを楽しみながらパクリ。

んん!! 表面の焼き目からはおしょうゆのような香りがするぞ!?

ん〜♡ 皮が肉厚でもちもちです〜。中のあんこの とろっと具合と よく合う〜

どっしりとした甘さかと思いきや、焼き目の香ばしさと 甘酒の酸味がアクセントになった独特な風味で、さっぱりと いただけます。ほっと心ほぐれる おいしさの 風格ただよう酒まんじゅうでした！

注文は次の見開きへ

みつばちの郷（さと）

はちみつバター

私トーストにぬるスプレッドで一番好きなのがはちみつ&バターなんだ〜

そのふたつをドッキングしたはちみつバターを入手しましたよっ

今回は、相性バツグンのおいしさでおなじみはちみつとバターをひとつにした **はちみつバター** をピックアップ！

気になってたけどトライしたことなかったんだ〜

中でも口コミ人気の高かった岐阜県養老町のはちみつ屋さん **みつばちの郷** の

130gのカップ入りもあります

はちみつバター

をおとりよせ〜。

みつばちの郷 はちみつバター

ビンのラベルを見ると原材料は「はちみつ・バター」のみ。おお！シンプル！国産の無塩バターと純国産のはちみつだけを使い、バランスよく配合してまぜ合わせたのち、窒素を抱きこませてホイップしてあるのが特徴です。

ホイップしてあるのでふつうのバターより冷えていてもやわらかめで、ぬりやすい☆

酸化を防ぐために酸素をバキュームで取りのぞくなどして、酸化防止剤や乳化剤などの無添加を実現してるそう〜

岐阜

まずはトーストにぬって、ガブリ！

はじめは、薄くぬったせいか

思ったよりやさしい味だ〜！

あ〜？

はちみつ独特のノドにぐっとくる甘さが強いのかと想像してましたがこれは甘みが控えめで、はちみつとバターの風味が対等、といった印象。とはいえ、はちみつの主張はしっかり感じられ、バターのまろやかさとあいまって口の中でとけると至福の甘さに…♡

好みにもよりますが、私は「バターを食べる！」くらいの勢いでたっぷりぬるのが好きでした。

クドくない甘さとホイップバターの軽い口当たりだから、食べても食べても飽きないです一

リピーターが多いのも納得！

パンにバター、というと「固くてぬりにくいのがな〜」という私のような人には、このバターのやわらかさはポイント高し！　食べたい、と思った時にサッとぬれて味わえちゃう。はちみつ&バター好きさんに嬉しい、心つかまれる一品です。

ボロボロ〜

ぬう〜

地味にストレス…

トーストはもちろん、サンドイッチにも激推し

にしさか

酒まんじゅう

価格　140円（税込・送料別）

内容量　1個　＊1480円／10個箱入（税込・送料別）もあり

日もちなどの注意事項
製造日含め3日（常温）

住所	福井県坂井市三国町北本町4-2-14
TEL	0776-82-0458
営業時間	8：30〜18：30
定休日	木
注文方法	TEL

みつばちの郷

はちみつバター

価格 1200円（税込・送料別）

内容量 185g

日もちなどの注意事項

製造日含め6か月（冷蔵）

住所	岐阜県養老郡養老町橋爪1553-9		
TEL	0120-17-3382	**FAX**	0584-32-0859
営業時間	9：00～17：30		
定休日	日、祝（直売店は年末年始以外営業）		
注文方法	TEL、FAX、ネット		

平井製菓

ハリスさんの牛乳あんパン

黒船来航により開港地となった静岡県下田。毎年地元で開催される「黒船祭」の開国150周年時に和菓子店が記念として考案したのがこの下田あんパンなんだそう。数種類あるあんパンの中で一番人気という品を平井製菓よりおとりよせしてみました♪

牛乳を練りこんだパン生地で、自家製こしあんとソフトバターを包んだ一品。

バターのまろやかでほどよい塩気が、さらにあんこの風味を引き立ててとろけるおいしさ♡ このあんことバターの共演の舞台となるパン生地もしっとりやわらかく、ほどよく厚みのあるところも◎！
キノコ形のかわいいフォルムにもいやされる、実力派おやつパンでした！

注文は次の見開きへ

味仙

元祖名古屋名物 台湾ラーメン

元祖名古屋名物
台湾ラーメン

みそ煮こみうどん、あんかけスパゲティ…と麺料理だけでも独特の名物が多い愛知県名古屋市。中でも地元民にはすっかりおなじみでも、他県ではほとんど知られていない名古屋生まれの **台湾ラーメン** を紹介しまーす。

台湾ラーメンとは…名古屋の台湾料理店 味仙 の店主が考案した激辛なラーメン。もともとはまかないメニューだったものが常連客へ、さらに80年代中頃の激辛ブームで一気に知名度が上がりお店の名物に。辛いものラバーたちに愛されて、今や名古屋の多くのラーメン屋のメニューに塩、しょうゆ、みそと並んでこの 台湾ラーメン があるんだとか。

台湾人が作ったラーメンだからこの名前〜
シンプル イズ ベスト

このラーメンは、スープは鶏ガラベースのしょうゆ味で麺の上にたっっっっぷりの唐辛子とニンニクで辛〜〜く味つけして炒めたひき肉がどっさりのるのが特徴。

とりよせ商品の付属スープは野菜が入ってないので好みでニラやもやしを加えるとベスト!

ぎょっとするほどの唐辛子の量でスープはまっ赤!!

かミ辛そ〜

もやし

器によそうと鶏のだしと食欲そそるニンニクのいい香りが〜♥ とにかくすんげ―――辛い、というふれこみがあったので心して一口ズルズル… あまり激辛ものにチャレンジしない私は、相当な刺激にムセるわ、セキこむわ、口の中がしびれて痛いわ…と大さわぎ! なのにお箸が止まらないんですよ、不思議と!!

!! ぼふぁっ
本当に辛いっっっ

しばらく食べ進めて口の中が辛さに慣れだしたな〜と思った瞬間、旨みがど〜っとおしよせてきて、そこからはもう「辛っでもうまっ」「やっぱ辛っでも…」の連続。気づけば汗だくで完食!! こりゃ〜激辛好きの人は絶対ハマるおいしさなハズ!! ただ辛いだけじゃない奥ゆきのある旨みが魅力のラーメンでした。辛さに気をとられがちですが、麺の量は少なめです。辛いものが苦手な人はもやしやキャベツなどの野菜をふやす、卵を入れるなどのアレンジを〜。寒〜い冬やスタミナつけたい夏にもオススメのパンチあるラーメンです!

本店では辛さをおさえた「台湾ラーメンアメリカン」というメニューもあるんだそうです〜

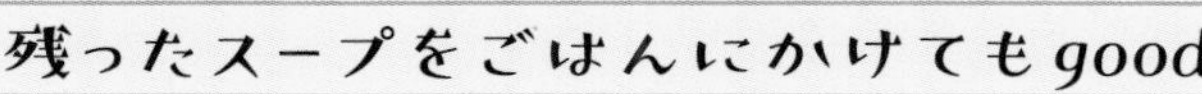

平井製菓

ハリスさんの
牛乳あんパン

価格　238円（税込・送料別）

内容量　1個

日もちなどの注意事項
製造日含め3日（5～10月）／4日（11～4月）＊共に28℃以下

問い合わせ

住所	静岡県下田市2-11-7		
TEL	0558-22-1345	**FAX**	0558-22-1346
営業時間	9：00～19：00		
定休日	火（他臨時休業あり）		
注文方法	TEL、FAX、ネット		

味仙

元祖名古屋名物

台湾ラーメン

価格 1350円（税込・送料別）

内容量 2食分（生麺×2、特製ミンチ×2）

日もちなどの注意事項
2週間（冷蔵）

住所	愛知県名古屋市千種区今池1-12-10
TEL	052-733-7670
営業時間	17：30〜2：00（LO 1：30）
定休日	なし（12/31〜1/1休み）
注文方法	ネット

中谷武司協会（なかたにたけしきょうかい）

サトナカ

三重県 伊勢市で おもしろいクッキーを みつけましたヨー

え！これ クッキーなの!? パッケージが シンプルで かっこいいい〜！

三重県伊勢市にある超有名スポット伊勢神宮の御神饌（ごしんせん）（お供えもの）をヒントに作られた、「塩、米、酒」味の和テイストクッキーがあると知り、おとりよせしてみました〜♪

サトナカ

伊勢市河崎（かわさき）にある、築100年以上の蔵を改装したお店で販売しているクッキー、サトナカ。薄紙の包装紙をはがすと、中には何やら変わった文字が…

クッキー作りや包装もすべて手作り、手作業なんだそう…

白を基調としたパッケージ

このマークは河崎にあった字（あざ）里中で実際に使われていた意匠なんだそうです

あ！「サ」が10コと「中」で“サトナカ”か!!

サササササササササ中

クッキーは3.5cmØほどの小さめサイズでシンプルな丸形。みっつとも色が白いですが焼きはしっかりめでザクザクとした歯ごたえ。

塩

思わず「お！」と声がもれました。巷の“塩スイーツ”より、塩がガツン！と濃くきいてます。クッキー生地の甘みを消さず、しょっぱさを感じさせない絶妙な塩加減はインパクト大！

米

米粉を使用した生地の中に、ポツポツと入っているお米の粒が口の中でプチプチしていいアクセントに。ナッツクッキーのような食感が楽しい。あっさりした後味です。

酒

かじると、お酒の香りがほわ〜んと鼻に抜けます。麹の甘みとバターの風味が合わさって、甘酒のようなまろやかなクッキー。

小麦粉や酒粕、塩などの素材も、地元三重県産を使用。フレーバーの味を引き立たせるためか全体的に甘さ控えめですが、粉やバターなど素材の味はしっかり伝わるホームメイド感のあるほっとする味わいです。

なんといってもパッケージがオシャレで、ちょっと珍しいクッキーなので、贈りものやお返しなどに喜ばれそうです♡

注文は次の見開きへ

ブランカ

シェル・レーヌ

プレーン

Mie

マドレーヌって貝の形をしてますが、三重県鳥羽市でみつけたものは真珠貝の形なんですよ〜

そっか！鳥羽って真珠が有名だもんね！

かわ…！

三重県鳥羽市は"真珠のふるさと"とも呼ばれる養殖真珠 発祥の地。
地元の洋菓子店ブランカのマドレーヌは、形だけでなく、なんと生地に真珠の粉も入っているとか!! 珍しい✧と おとりよせしてみました！

シェル・レーヌ
プレーン

真珠貝の内側の光沢部分を粉末にした"天然パールシェルカルシウム"を生地に入れたマドレーヌ。
鳥羽産の卵、県内産の小麦粉を使い、パールパウダーはミキモトの真珠貝から作られたもの…とご当地度高しな一品です。

表面サックリ！中しっとり〜！バターの風味が濃くておいしい〜っ

バターがたっぷり入っていますが、重すぎずほどよい甘さ。
表面がカリカリめに焼き上げられていて香ばしいのも好みでした♡

プレーンの他に 伊勢茶 と あおさのり 味もありまして…
「合うの？」とドキドキしたあおさのりも美味でした！

美容にもいいといわれるパールパウダー。
おいしいだけじゃなく体の中からキラキラしちゃえるスイーツでした〜。

女性への贈りものにオススメです

中谷武司協会

サトナカ

価格　842円（税込・送料別）
内容量　9枚入（塩、米、酒×各3）
日もちなどの注意事項
製造日含め3か月（冬季）／2か月（夏季）＊共に常温

住所	三重県伊勢市河崎2-4-4
TEL	0596-22-7600
営業時間	11：00～17：00
定休日	火
注文方法	TEL、ネット

ブランカ

シェル・レーヌ

プレーン

価格 172円（税込・送料別）

内容量 1個

日もちなどの注意事項
製造日より30日（常温）

住所	三重県伊勢市朝熊町4383-427		
TEL	0596-65-6666	**FAX**	0596-65-7121
営業時間	9：00～17：00		
定休日	なし		
注文方法	TEL、 FAX、 ネット		

菓心おおすが
和三盆くるみ

今回は
木の実のお菓子を
探してみました～

くるみだ～！
ナッツの中でも
特に栄養価が
高いんだよね！

みつけたのは滋賀県彦根市で
地元の銘菓を作る老舗
菓心おおすが の人気商品。

上品で美しいパッケージ✧

和三盆くるみ

ローストした国産オーガニックくるみを
砂糖としょうゆでキャラメリゼし、和三盆糖を
まぶした一品。

かりんとうのような
黒褐色だ～

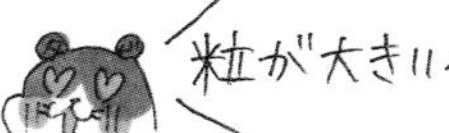

粒が大きい～っ

口に入れると ふわ～っと
和三盆のやさしい甘みが
広がり、かみ砕いた
瞬間…

砂糖じょうゆの甘じょっぱさと
その後からほろ苦さもやってくる～!!

クセになる独特な
大人味ですね～！

この甘さと苦さの絶妙なコンビネーションとくるみの香ばしさが あいまって
とっても美味──!! 少しずつ大切に食べたいけど、ついつい手がのびて
しまう、そんな魅力に包まれたお菓子でした～。

注文は次の見開きへ

工房しゅしゅ 湖のくに生チーズケーキ 【プレミアム】お猪口入6蔵セット

琵琶湖で知られる滋賀ですが、実は酒蔵の多い県。その県内の地酒を使ったスイーツとして考案されたレアチーズケーキが話題と知り、工房しゅしゅよりおとりよせしてみました！

6つの酒蔵が推薦する大吟醸などの酒粕をおしみなく使い、特注のおちょこに入れたレアチーズケーキ。

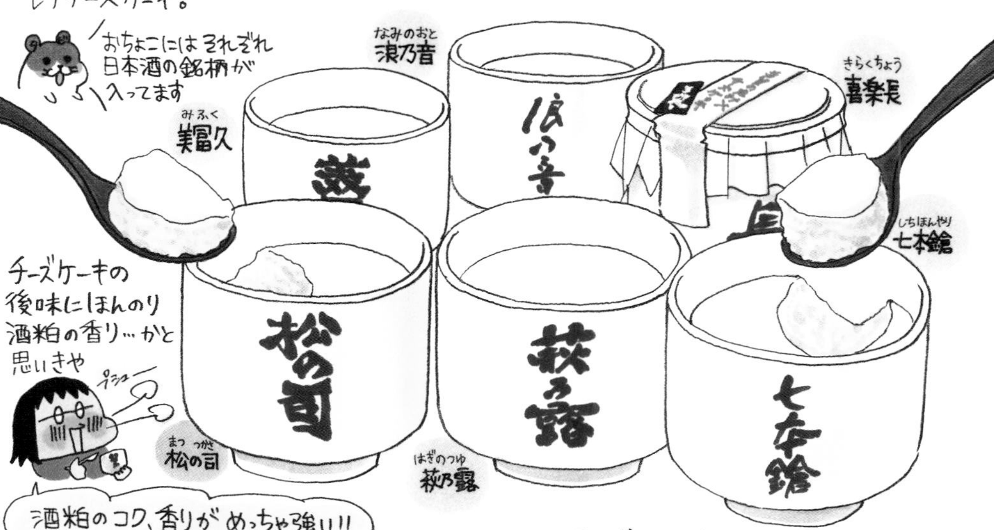

チーズケーキの後味にほんのり酒粕の香り…かと思いきや

酒粕のコク、香りがめっちゃ強い!!! 後からクリームチーズのまろやかさでまとまる感じだ～っ

一番個性的で重厚感があったのは「七本鎗」で、日本酒をあまり飲まない私は「松の司」がフルーティーで好みでした♡

さらに、チーズと酒粕は共に発酵食品ゆえ、日ごとに熟成が進み、味わいがまろやかに変化するという特徴も！
日本酒好きが集まって"きき酒粕"でもり上がれそうな大人スイーツでした！

アルコールを含んでいる商品なのでお酒に弱い人は気をつけて！

ワインにも合う日本酒スイーツ！

菓心おおすが

和三盆くるみ

価格　800円（税込・送料別）

内容量　1袋

日もちなどの注意事項

製造日より約2か月（常温）

住所	滋賀県彦根市中央町4-39		
TEL	0120-22-5722	**FAX**	0749-26-3871
営業時間	8：00～18：00		
定休日	木		
注文方法	TEL、FAX、ネット		

工房しゅしゅ

湖のくに生チーズケーキ

【プレミアム】お猪口入6蔵セット

価格　4055円（税込・送料別）

内容量　生チーズケーキ55g×6、酒粕ビスコッティ×4

日もちなどの注意事項
製造日含め10日（4～10月）／14日（11～3月）＊共に冷蔵

住所	滋賀県東近江市上羽田町786-1		
TEL	0748-20-3993	**FAX**	0748-20-3990
営業時間	10：00～18：00		
定休日	月、木（祝日の場合は営業）		
注文方法	TEL、FAX、ネット		

京都どんぐり
京漬物の入った京都米の焼おにぎり
3種15個セット

お米も具材も京都のものを使った焼きおにぎりの紹介でーす！

ほお！京都米!? 京都でお米が作られてるって知らなかったな〜っ

主に西日本で栽培されるお米"ひのひかり"の中で京都産のものはごくわずか。非常に希少性の高い京都米ひのひかりを京都のしょうゆで味つけ、京漬物を入れた京づくしの焼きおにぎりを発見！

京漬物の入った京都米の焼おにぎり
3種15個セット

冷凍便で届きます。個包装になっており、袋のままレンジで加熱すればでき上がり！

楽チン！

柚子大根漬

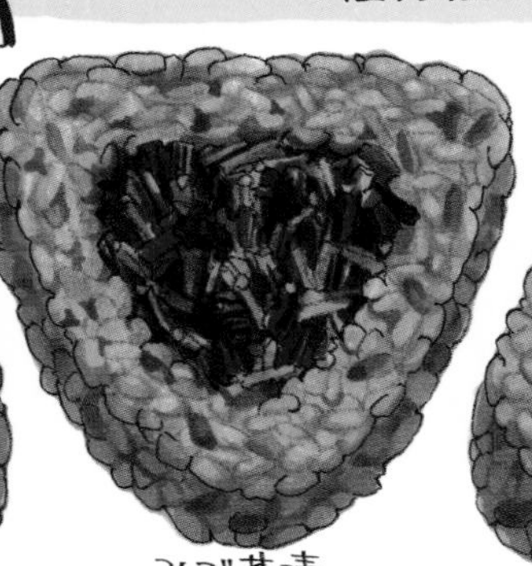
みぶ菜漬

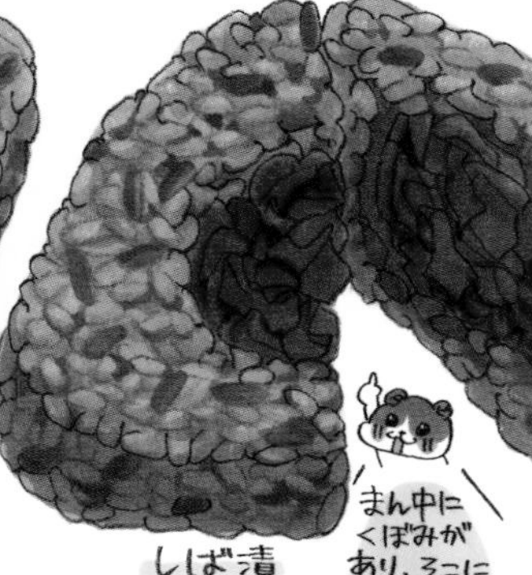
しば漬

まん中にくぼみがあり、そこに漬物がたっぷり入ってます〜

お米としょうゆを一緒に炊きこむタイプの焼きおにぎり。しょうゆは京都の老舗 澤井醤油本店、漬物は京漬物専門店 林愼太郎商店のものを使用しています。

お米一粒一粒にしょうゆの香ばしさと絶妙な塩味がしみこんでいて美味！漬物もやさしく上品な味でよい食感のアクセントになってる〜♡

焼き目がほしい人はレンチン後トースターで軽く加熱するといいですヨ！お茶をかけてお茶づけにしても◎

お米はもちもちとしたやわらかめで、ほっとする食感。小腹がすいた時や夜食、大人向けパーティーのしめにあると喜ばれそうなはんなり焼きおにぎりでした〜♪

注文は次の見開きへ

コバトパン工場

コバトスペキュロス缶

スペキュロスってクッキーご存知ですか？

知らな〜い…って そのクッキー缶 めちゃくちゃ かわいいいんですけど！

"スペキュロス"とは スパイスを たっぷり きかせた クッキーで 南フランスの 伝統的な 焼き菓子のこと。その クッキーの 味のみならず、容器の 缶が キュートすぎると 評判の 商品を 大阪の コッペパン専門店 コバトパン工場で みつけました♡

コバト スペキュロス缶

この商品、

パン工場で働く工場長に弟子たちが おいしいもの探しの旅を提案し、その旅先でとりこになった"スペキュロス"を工場長が商品化。旅の間、工場を守ってくれた3人の弟子たちをたたえて缶のモチーフに。

というストーリー仕立ての デザインで、缶の中には 工場長をかたどったクッキーと オリジナルポストカードや エアメール風の商品紹介文が入っています。

COBATO

Bon voyage!!

COBATO

＼クッキーは タテ約15cmと 大きいダイカット！／

生地の目のつまった やや ハードな 歯ごたえ〜！ かみしめるたびに スパイスの香りが やさしく 口に広がり、鼻に抜け…やだこれ 本当に とりこになる おいしさ!!

缶を開けた瞬間から スパイスの香りが ただよいます〜っ

使用している スパイスは シナモンや カルダモン、ナツメグなどですが 日本人好みに ブレンドされているだけあって とても 食べやすかったです。 レトロな 雰囲気と 素朴な 味わいの クッキーが 一缶に つめこまれた、 まるで"味わえる 絵本"の ような 一品でした！

コバトパン工場グッズも集めたい！

京都どんぐり

京漬物の入った
京都米の焼おにぎり

3種15個セット

価格　2916円（税込・送料別）

内容量　しば漬、みぶ菜漬、柚子大根漬×各5

日もちなどの注意事項
到着日含め60日保証（冷凍）

問い合わせ

住所	京都府京都市伏見区毛利町60
TEL	0120-701-888　**FAX**　075-612-8889
営業時間	9：30～17：00
定休日	土、日、祝
注文方法	TEL、 FAX、 ネット

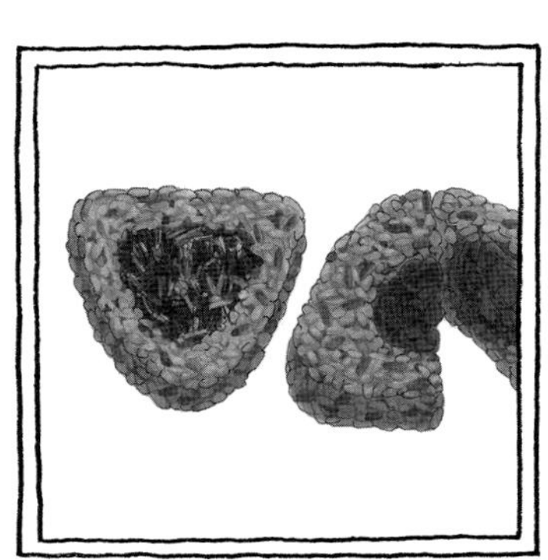

コバトパン工場

コバトスペキュロス缶

価格　1620円（税込・送料別）

内容量　スペキュロス（クッキー）×3、 ポストカード×1、 エアメール×1

日もちなどの注意事項
製造日含め180日（常温）

住所	大阪府大阪市北区天満3-4-22
TEL	06-6354-5810
営業時間	8：00〜19：00（月〜金）／8：00〜18：00（土、日、祝）
定休日	水
注文方法	ネット、TEL（店舗受け取りのみ ＊要予約）

三田屋総本家(さんだやそうほんけ)
白(しろ)いハム（スライス）

兵庫県で白いハムってのをみつけましたヨー
おお～っ
白に近いキレイな薄ピンク色～！

兵庫県三田市にあるお肉屋さん、三田屋総本家。
ここに、地元の人に人気の自家製ロースハムがあると知り おとりよせしてみました♪

白いハム（スライス）

豚ロース肉を2週間（通常の倍ほどの長さ）じっくり塩づけし、独自の加熱製法で仕上げたノンスモークのハムです。

ノンスモークだからこの色なんですね

3mmほどにスライスされてます。

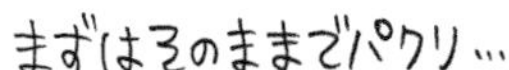

まずはそのままでパクリ…

ウっうま…っ

しっとりやわらかで…ジューシー!!
薄切り1枚の中に肉の旨みがこんなにつまったハム初めてかも!!

この旨み、濃いんだけど強すぎず絶妙な塩加減もあいまって後味はあっさり。
この味のバランスに作り手のこだわりを感じます。

お店オススメの食べ方、オニオンスライスを白いハムで巻き、オリジナルドレッシングをかけるのも、一気に豪華なオードブルに変身してめちゃウマ〃でした～！

ニンジン、タマネギセロリをベースにしたマイルドな酸味のドレッシング

肉屋の本気を見た！と思わせるハムでした！

注文は次の見開きへ

弓削牧場（ゆげぼくじょう）

フロマージュ・フレ

忙しくてどこにもいけない〜

自然の中でおいしいもん食べてリフレッシュしたいよう

もん　もん

なんて時は〜牧場内の作りたてチーズなんていかがです？

兵庫県神戸市の六甲の北側にある弓削牧場は牛たちを24時間完全放牧しているのが特徴。ストレスなく育った牛から採れた原乳から作られるオリジナルの"生チーズ"なるものが評判と知りおとりよせしてみました〜♪

フロマージュ・フレ

生チーズって〜!?

珍しいよね!?

原乳を乳酸発酵させて固めた、熟成する前のいわば生まれたてのチーズなんです！

兵庫

FROMAGE FRAIS
LAITIÈRE YUGÉ

この牧場のオーナー・弓削忠生さんは西日本で個人の酪農家として初めてナチュラルチーズの生産を成功させたスゴイ人。このフロマージュ・フレは、カマンベールチーズ作りの中からあみだされ完成したオリジナルチーズなんだそうです。

まっ白で、ホイップクリームのよう！一見、チーズらしからぬ見た目…お味は…？

ヨーグルトのような酸味があってすんごくさっぱりしてる！チーズ独特のクセがない〜。

へえっ

食べてる感覚はかなりヨーグルトに近いけど、チーズのコクもしっかり口に広がるね〜

どこか外国チックなパッケージがかわいい〜♡

なんとコレ、オーナー夫婦の3人のお子さんたちをモデルに、オーナー自ら描いたものなんですヨ〜

クセがなく、なめらかなので いろんなアレンジ食べが可能！

生チーズ＋ジャム

生チーズ＋はちみつ

生チーズ＋マスタード＋マヨネーズ

いつものサンドイッチの味がランクアップ！

うまっ

生チーズ＋かつおぶし＋しょうゆ

チーズ冷奴！

お酒のアテにピッタリ！

ディップにしても◎。

生チーズと相性バツグン☆とのことで一緒にたのんでみた

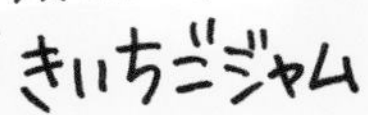

きいちごジャム

こちらも牧場オリジナル。甘さ控えめで、フレッシュな甘酸っぱさがはじけるジャム♡

文句なしに合う〜

クラッカーにぬるのもうまし！

しょうゆの味でチーズの酸味がやわらいで、コクの深〜い味わい。

日本人の舌に合うように作られたチーズなので、和の調味料（しょうゆなど）ともよく合うんだとか。

さらに、低カロリー、塩分ゼロ、カルシウムの吸収率もヨーグルトよりかなり高いというなんとも嬉しいヘルシーさ♡
食べる人の好みに合わせて楽しめる新感覚チーズでした！

ホイップクリームと合わせるとチーズケーキだ！

ラスクにも合うっ

じゃこれはっ

ウマー探し＆発見で満足☆リフレッシュ〜

ウマッ

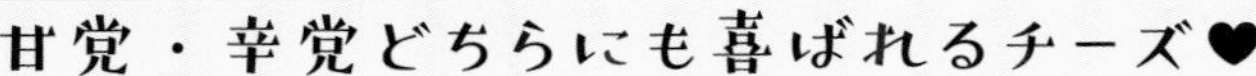

甘党・辛党どちらにも喜ばれるチーズ♥

三田屋総本家

白いハム（スライス）

価格　864円（税込・送料別）

内容量　90g

日もちなどの注意事項
製造日含め30日（冷蔵）

住所	兵庫県三田市南が丘2-15-35		
TEL	0120-092986	**FAX**	079-564-6229
営業時間	9：00～17：00		
定休日	日、水		
注文方法	TEL、FAX、ネット		

弓削牧場

フロマージュ・フレ

価格　756円（税込・送料別）

内容量　200g

日もちなどの注意事項
製造日含め7日（冷蔵）

住所	兵庫県神戸市北区山田町下谷上西丸山5-2		
TEL	078-581-3220	**FAX**	078-581-2620
営業時間	11：00～17：00		
定休日	水（1、2月は火、水曜休み）		
注文方法	TEL、FAX、ネット		

北坂養鶏場
たまごまるごとプリン

お！今回は卵の紹介？

…と、思いますよね〜 でも！実はコレ プリン なんですよ！

フッ フッ

どゆこと!?

殻にヒビも穴もない、一見フツーの卵なのに中身がプリン??というなんとも不思議なスイーツを兵庫県淡路島の養鶏場でみつけました！

たまごまるごとプリン

採れたて卵を殻をわらずに専用の機械で白身と黄身を高速でかく拌させた後、高温スチームで蒸したもの。

中身はやわらかく、ゆで卵のようにはむけないそうで…

希少とされる純国産鶏が産む"さくらたまご"を使用

お店推奨の食べ方

半分にわる

キレイな薄オレンジ色

スプーンで中身を取りだす

添付のカラメルソースをかける…

材料は卵だけなのにシロップかけたらプリンの味だ〜!!

美味!

後味に卵の濃い味わいを感じます〜

温泉卵をムースにしたような ねっとりした舌ざわりで、シロップのかわりにわさびじょうゆで食べるのもオツなんだとか。少々食べにくいのは否めませんが、家族や友だち同士でワイワイ食べたい ユニークさ増し増しの卵スイーツでした！

注文は次の見開きへ

黒川本家
本葛ぜんざい

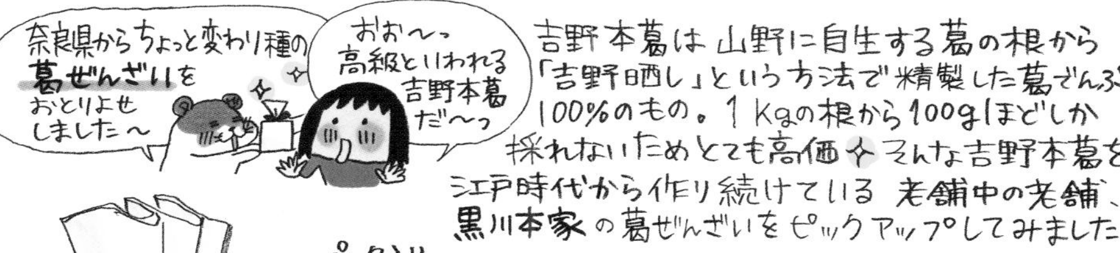

吉野本葛は山野に自生する葛の根から「吉野晒し」という方法で精製した葛でんぷん100%のもの。1kgの根から100gほどしか採れないためとても高価✧そんな吉野本葛を江戸時代から作り続けている老舗中の老舗、黒川本家の葛ぜんざいをピックアップしてみました。

本葛ぜんざい

温める時は湯せん10分かレンジで1〜2分加熱

ほっくり炊けてる小豆の中にうかぶのは吉野本葛とごまを練り上げたごま豆腐！
え…豆腐??と思いきや、葛でできているので

おわあっ
とろりん、もちっとした弾力でツルリン、ふわっとなくなるーっ

とても独特な食感と舌ざわりでした。
ほんわり広がるごまの風味と黒砂糖を使ったぜんざいのコクのある甘みとの相性も◎。

すごくおいしいのに、控えめなサイズなので、もちもち好きとしては
もっと食べたーい！ごま豆腐ビッグサイズ希望〜!!
と叫びたい。

とても上品で、通なぜんざいでした♪

このごま豆腐が…本当においしくて…

北坂養鶏場

たまごまるごとプリン

価格　3780円（税込・送料込）
内容量　9個入
日もちなどの注意事項
製造日より20日（冷蔵）

問い合わせ

住所	兵庫県淡路市育波1114
TEL	0799-84-1510
営業時間	9：00～17：00
定休日	土、日、祝
注文方法	TEL、 ネット

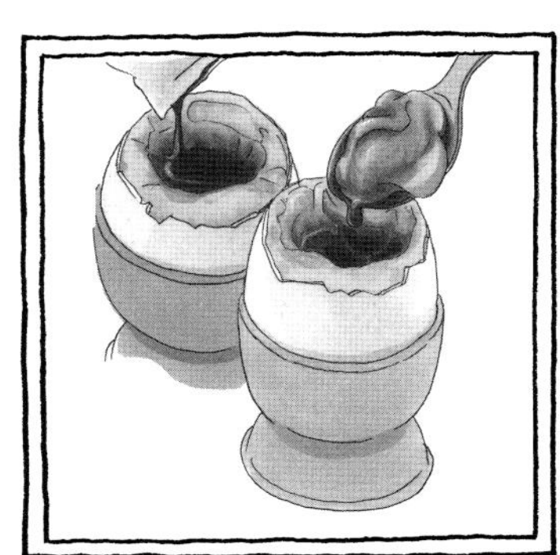

黒川本家

本葛ぜんざい

価格　648円（税込・送料別）

内容量　1個

日もちなどの注意事項

製造日含め180日（常温）

住所	奈良県宇陀市大宇陀上新1921		
TEL	0745-83-0025	**FAX**	0745-83-0800
営業時間	9：00～17：00		
定休日	日		
注文方法	TEL、 FAX		

玉林園（ぎょくりんえん）
グリーンソフト

今回は和歌山県から抹茶アイスの紹介です！

へ!? 和歌山って抹茶で有名だったっけ？

地元で知らぬ人はいないほどの知名度を誇るローカルアイス グリーンソフト。
和歌山でなぜ抹茶？というのも、昭和33年に世界で初めて（！）抹茶入りソフトクリームを開発、販売したのが県内の老舗製茶 玉林園だったからなんだそう。

持ち帰り用の「かたいの・ハード」タイプをおとりよせしてみたよ！

店頭で食べるタイプは「やわらかいの・ソフト」というそうです

グリーンソフト

グリーンソフト

TAKE-OUT

アイス部分をしっかりガードする包装紙とコーンのフタを取るとこんなお姿…

TAKE-OUT

レトロなパッケージとまるみのあるフォルムがどこか駄菓子っぽい印象だけど、高級抹茶と水にこだわって作られているという抹茶アイスは クオリティ高し！

濃厚な抹茶味！というより さっぱりした甘さで、さわやかな香りと苦みが後味に広がるアイスだ〜

このスッキリ感、クセになります！

これからも長〜く親しまれ続けてほしい、おいしくて愛嬌のあるご当地アイスでした！

注文は次の見開きへ

大山乳業農協
白バラコーヒー

鳥取県民にとって「牛乳」＝「白バラ牛乳」というほど地元ではポピュラーな牛乳を生産する大山乳業。今回おとりよせした 白バラコーヒー は同組合で作っているパック入り乳飲料のこと。
もともとは山陰・中国地方のみの販売でしたが、全国の一部スーパーなどで扱われてから、口コミでじわじわ人気になったとか！

白バラコーヒー

鳥取県産の生乳70%とコーヒー、糖分のみで作られているとてもシンプルなミルクコーヒー。

ちなみにこちらは白バラ牛乳
味が濃い！
レトロでかわいいパッケージ

一口目の感想は…
おおっ まろやかでさらり！
好み！

生乳の割合が大きいので、コーヒーというより、牛乳の味が濃いマイルドなカフェ・オ・レといった感じ。
全体的に牛乳＞コーヒーな味の中にも、コーヒーの風味と香りはしっかり伝わりました。

パック入り乳飲料というと、ノドにぐっとくるような甘さがありますが、白バラコーヒーはカラメルや香料を使っていないせいか甘めではあるけどさっぱりした後味。ありそうでなかった"まろやかスッキリ感"がすごくおいしくてついついぐい〜っと一気飲み♡
お風呂上がりにごくごく飲みたいコーヒー牛乳、みつけました！

ぷはっ

ココアやフルーツ牛乳も要チェック

玉林園

グリーンソフト

価格　1800円（税込・送料別）＊一部地域への配送不可

内容量　10個入

日もちなどの注意事項
なし

住所	和歌山県和歌山市出島48-1
TEL	073-473-0456
営業時間	9：00〜17：00
定休日	土、日
注文方法	TEL、ネット（Yahoo! ショッピング）

大山乳業農協

白バラコーヒー

価格　167円（税込・送料別）
内容量　500ml
日もちなどの注意事項
製造日含め13日（冷蔵）

住所	鳥取県東伯郡琴浦町大字保37-1
TEL	0858-52-2211
営業時間	9：00～17：30
定休日	日
注文方法	ネット

奥出雲仁多米株式会社

仁多米

有名な米どころ、というと新潟県や東北地方のイメージがありますが、「東の魚沼コシヒカリ、西の仁多米」と評される西の横綱・島根県出雲地方産のお米の存在を知り、おとりよせしてみました！

島根県仁多郡奥出雲町で作られるコシヒカリのブランド品種。お米が育つのは標高300～500mの棚田。堆肥を使って土作りした田んぼから収穫された安全安心なお米です。

仁多米

お米のおいしさをバッチリな状態で味わうため、ホームページで炊き方のコツをチェックしていざ炊飯☆

炊飯器のフタを開けると、あたり一面に広がるほんのり甘い、いい香り！お米がつやっつやで、ぷっくりしています。では、いただきまーす！ハフハフ!!

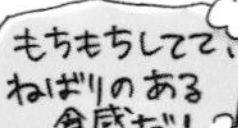

"ねばり"といってもベチャッとした感じではなく、コシのあるしっかりとしたかみ心地で、甘みが強いのが印象的！この甘みとねばりは、昼夜の寒暖差の激しい気候によって、お米の旨みの素となるデンプン質がふえ、必要以上に多いと味をおとすとされるたんぱく質が少ないお米になるからなんだとか。とはいえ、炊きたてだからおいしく感じてるだけ…？と、塩むすびに…。

…うたがってスミマセン、仁多米…ってくらい特徴が引き立って美味！

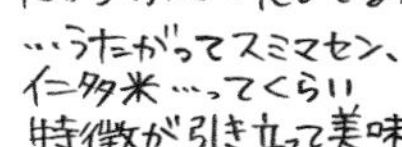

お米自体の存在感がすごいので、塩とのりのみのおむすびとか、おつけものとみそ汁…のようなお米メインの食べ方がピッタリ。じわわ～んとおなかにしみ入るように、おいしさを実感できるお米でした！写真や文字を入れられるオリジナル仁多米袋もあるので、贈りものにも♡

注文は次の見開きへ

山東水餃大王
水餃子

あ！水餃子だ〜♡

岡山県の漁師町でみつけましたヨ〜

カキのお好み焼きが名物の岡山県日生町にある水餃子専門店 山東水餃大王。

ドラゴンボールに出てくる敵キャラみたいな店名だ〜

ここ、知る人ぞ知る地元グルメとして有名なんだとか。期待をこめておとりよせしてみました！

水餃子

台湾で修業したオーナーによるオリジナル水餃子は皮からすべて手作り＆手包み。あんには干しエビ、岡山ポークのミンチと岡山産の黄ニラを使用した一品です。

冷凍品を6〜7分ゆでれば完成♪

女性でも一口でほおばれる小ぶりサイズ。

ツルリとした皮から肉汁がブシュー！

まるで小さい小籠包!!

豚肉、黄ニラ、干しエビの旨みが凝縮されたあんのおいしさはピカイチ☆
ニンニクが入っていないので全体的にさっぱり＆皮のツルツル感とあいまって食べだすとこりゃ止まらない！
鍋に入れても♡ スルスルおなかに入ってしまう絶品水餃子でした〜。

黄ニラの甘みが肉の旨みを引き立てます

奥出雲仁多米株式会社

仁多米

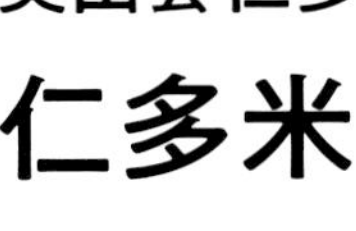

価格　3564円（税込・送料別）

内容量　5kg

日もちなどの注意事項
約1か月で消費するのがおすすめ（常温）

住所	島根県仁多郡奥出雲町高尾1787-22		
TEL	0854-54-2248	**FAX**	0854-54-2251
営業時間	8：30～17：30		
定休日	土、日、祝		
注文方法	TEL、FAX、ネット		

山東水餃大王

水餃子

価格 3240円（税込・送料別）

内容量 50個入タレつき ＊他の内容量販売もあり

日もちなどの注意事項
製造日含め3か月（冷凍）

住所	岡山県備前市日生町日生1306		
TEL	0869-72-1166	**FAX**	0869-72-0135
営業時間	11：00～17：00		
定休日	火		
注文方法	TEL、FAX、ネット（こんなの堂）		

ミニヨン

瀬戸内（せとうち）レモンケーキ

Hiroshima

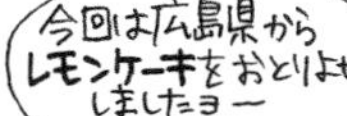

今回は広島県から**レモンケーキ**をおとりよせしましたヨー

えー！懐かしいっ

レモンケーキといえば、ホワイトチョコがアイシングされたレモン形のケーキで、一昔前は町のケーキ店やスーパーなどでよく売られていた懐かしおやつ。昔ほどではないものの、今でも一部の洋菓子店で作られているロングセラー。

特にレモンの収穫量全国一を誇る広島県ではレモンケーキを作る洋菓子店も多いんだそうです！

広島が全国一なんだ～！

中でも評判なのが洋菓子店**ミニヨン**の

瀬戸内レモンケーキ

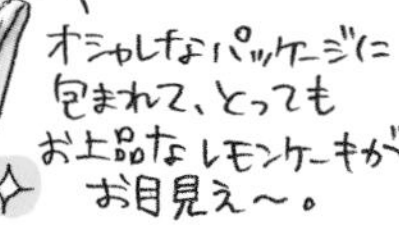

オシャレなパッケージに包まれて、とってもお上品なレモンケーキがお目見え～。

レモンの形をしたバターケーキの上には、レモンチョコレートがコーティングされています。

一口がぶっといただくと…

んわっ バターの香りとレモンの甘酸っぱさがどーん！とくる!! おいしいっ

口当たりがしっとりしてて、すごくリッチな味わいですね～

国産レモン発祥の地ともいわれる呉市豊町で採れるブランド品種「大長（おおちょう）レモン」の果汁を生地にたっぷり使っているだけあって、レモンの甘酸っぱい風味が強い！ けっこうバターのコクがどっしりきいたケーキですが、レモンのさわやかな風味とバランスよくマッチしていてさっぱりいただけました。

冷やして食べるのもまた格別！

中はこんなふう

生地の中にまぜこまれている自家製レモンピールも美味!!
ところどころでレモンピールが出現すると口の中のさわやかレベルがきゅーん!!と上昇するんです♡

"形や色だけ"ではなく、レモンのおいしさが存分につまった本格派レモンケーキ。昔々に食べたどこかチープな味（そこが昔のおやつらしいのだけど）のイメージで止まっている私のような人には「レモンケーキのうまさ、進化してる!!」と嬉しいビックリも感じられる一品だと思います！

注文は次の見開きへ

おやつとやまねこ
尾道プリン

わ！かわいいプリン～♡

このプリン、添えてあるシロップがカラメルじゃなくて…

え！レモン!?

広島県の特産品のひとつ、レモンを使ったシロップをかけて食すプリンを尾道市で発見！地元の手作りお菓子店 おやつとやまねこより おとりよせしてみました～。

尾道プリン

レトロムードなネコ印がかわいいミニ牛乳ビン入りのプリン。レモンシロップが魚形のしょうゆさしに入っていたり…と女子心くすぐる見た目です♡

まずは何もつけずに…

やや固めでもったりしたすくい心地っ

口に入れるとすんごいなめらか！クリーミー!!

おっ

やさしい甘さながら卵や牛乳の風味が濃厚でコクがあります。そして、瀬戸内産レモンを使ったシロップをかけてみると…

甘酸っぱさとまろやかさの調和がイイです！

レアチーズケーキみたい！

きゅん♡とくるレモンのスッキリ感がアクセントになって味の変化が楽しめます。かわいくておいしい…だけじゃおわらない、ひとつで2度おいしい新感覚プリンでした！

洗ったビンは小花さしに愛用してます

ミニヨン

瀬戸内レモンケーキ

価格　1080円（税込・送料別）

内容量　5個入（1個あたり約55g）

日もちなどの注意事項
製造日含め21日（常温）

住所	広島県広島市東区光町1-6-16		
TEL	082-263-8282	**FAX**	082-262-3240
営業時間	9：30～19：00		
定休日	なし		
注文方法	TEL、FAX、ネット（47CLUB）		

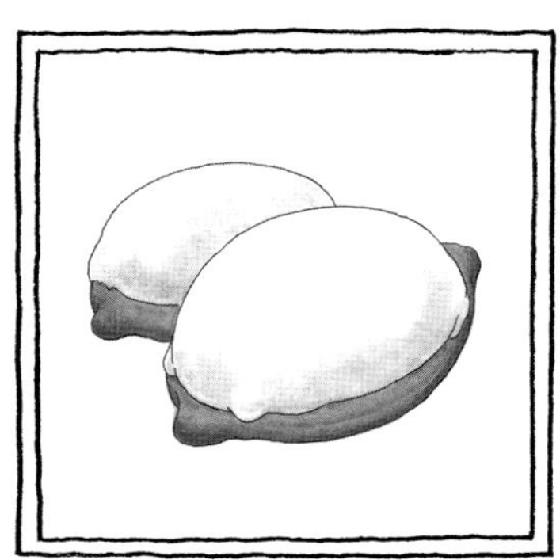

おやつとやまねこ

尾道プリン

価格　1512円（税込・送料別）

内容量　4個入（各90g）

日もちなどの注意事項

製造日より7日（冷蔵）

住所	広島県尾道市東御所町3-1
TEL	0848-23-5082
営業時間	10：00～19：00（売り切れ次第閉店）
定休日	月（祝日の場合は翌日休み）
注文方法	TEL、 ネット

瀬戸内ジャムズガーデン

太陽のしずく レモンマーマレード

せとみ蜜柑と柚子のマーマレード

きゃあ〜っいいねぇ こんなドキドキめく恋っ

では、そんな甘酸っぱいジャムはいかがですか!?

ココハナ

甘酸っぱいジャムといえばマーマレードなどの柑橘系ですが、その生産が盛んな瀬戸内海の周防大島でジャム専門店を発見！ 瀬戸内ジャムズガーデンからおとりよせしてみました〜。

太陽のしずく レモンマーマレード

弓削瓢柑(ゆげひょうかん)というレモンに似た形の柑橘で作られたマーマレード。

濃厚な甘酸っぱさと皮のほろ苦さのマッチがたまりません

山口

太陽のしずくレモン マーマレード Jam's Garden

パンはもちろん、ヨーグルトや炭酸水でわったり…さっぱり楽しめそうです。

せとみ蜜柑と柚子のマーマレード

周防大島生まれの「せとみ」みかんの果肉を煮こみ、柚子の皮で香りづけしたマーマレード。

みかんの甘みが強烈！ジャムというより果肉たっぷりのジュレみたい!!

どちらも、まるでできたてをキッチンで食べているかのようなぬくもりと、柑橘のおいしさがぎちぎちにつまった大満足ジャムでした!!

注文は次の見開きへ

栗尾商店（くりおしょうてん）
鳴門うず芋（なるといも）

"鳴門金時"とは、濃い甘みと香りが特徴の徳島県産のさつまいも。その鳴門金時を使った芋菓子を昔から地元で作っている栗尾商店より看板商品をおとりよせしてみました〜♪

鳴門うず芋

うお〜！ひとつが大きい！ぶ厚い!!

輪切りにした鳴門金時をふかし、蜜につけこんで乾燥させたさつまいも版 甘納豆のような一品。

ほくほくと、ねっとりとサックリを合わせたような独特の歯ごたえ！

おイモそのものの自然な甘みを活かしつつ蜜のやさしい甘さがプラスされてるのでクドくなくてパクパクいけますね〜っ

はぐはぐ

この素朴でほっこりする味には、創業以来90年以上つぎ足しながら使い続けられている蜜床や、蜜をしみこみやすくするためにおイモはすべて職人が包丁で切り分けるというこだわりが隠されておりました…！

純朴そうな見た目ながら、テーブルに上がれば子どもからお年寄りまでしっかりハートをキャッチする、お茶うけ界のアイドル!?な芋菓子でした〜。

お茶にもミルクにも合いますね

瀬戸内ジャムズガーデン

太陽のしずく
レモンマーマレード

せとみ蜜柑と柚子の
マーマレード

価格　各700円（税込・送料別）

内容量　各152g

日もちなどの注意事項
共に製造日より1年（常温）

問い合わせ

住所	山口県大島郡周防大島町日前331-8		
TEL	0820-73-0002	**FAX**	0820-80-4228
営業時間	10：00～17：00（3～11月の土、日、祝と7/20頃～8月末日は17:30まで営業）		
定休日	水		
注文方法	TEL、FAX、ネット		

栗尾商店

鳴門うず芋

価格　648円（税込・送料別）

内容量　250g

日もちなどの注意事項
50日

住所	徳島県美馬郡つるぎ町貞光字馬出47-10		
TEL	0120-38-48-58	**FAX**	0883-62-5051
営業時間	9：00～17：00		
定休日	日（1～8月は土、日曜休み）		
注文方法	TEL、FAX		

かにわしタルト店
讃岐いちご一会タルト

香川県のタルト専門店で イチゴをまるごとのせて
焼いたちょっと珍しい タルトをみつけました

ラどんが有名すぎて、あまり知られて
いないけれど、香川県は イチゴの
一大産地なんだそう
ですヨ〜

讃岐いちご一会タルト

1ホール・
約15cmφ

使っているイチゴはすべて香川県産。
こだわり素材で 作られた
アーモンドクリームに、毎朝市場で
買いつける新鮮な イチゴを
カットせずにのせて
焼き上げた
一品です。

焼いたイチゴって
どんな感じ??と
思ってましたが…

表面はジャムのように とろとろで
かみしめると中から果汁が
ブシュッと あふれてきた〜〜っ

イチゴの果肉感は 残しつつ、やわらかい"半生"な感じ。
焼くことで 凝縮されたイチゴの甘酸っぱさと、ミルキーな
アーモンドクリームとが 見事にマッチしていて とても おいしかった ──♡
しかも大粒のイチゴが たっぷりで 満足度 高し! ギフトにもってこいですね。

注文は次の見開きへ

リモーネ

チョコレモンクッキー

今回は愛媛県からのお届けでーすっ

あ！レモンのクッキー!?

愛媛県今治（いまばり）のひなたスイーツと、大三島（おおみしま）の無農薬柑橘農家・リモーネがコラボして生まれたレモンクッキー。このクッキーにリモーネオリジナルバージョンがあると知り、おとりよせしてみました！

チョコレモンクッキー

レモン形がキュート♡

大三島で採れたレモンを使ったリキュール・リモンチェッロで香りづけしたホワイトガナッシュチョコをクッキーでサンド。

上のクッキーにはホワイトチョコとレモンジャムがぬられています

クッキー用に作られた自家製レモンジャムだそう!!

ん～～っっ
口中に広がるバターの風味とさわやかなレモンの香り…ほっぺがきゅーんってなるおいしさ!!

おお～～っっ
レモンジャムはほろ苦さもあってそれがいいアクセントになってますね～！ なっと大人っぽい味わい～

クッキーはほろっとやさしい口当たり。
一口食べるたびに感嘆の声がもれるほど
レモンの風味がたっぷりとじこめられたクッキーでした

夏は冷蔵庫で"冷やしクッキー"にしても◎

かにわしタルト店

讃岐いちご一会タルト

価格 2160円（税込・送料別）

内容量 15㎝ホール

日もちなどの注意事項
製造日より30日（冷凍）／解凍後は3日（冷蔵）

住所	香川県高松市木太町2区1559-15
TEL	087-897-6676
営業時間	10：00～16：00
定休日	火
注文方法	ネット

リモーネ

チョコレモンクッキー

価格　290円（税込・送料別）

内容量　1枚（23g）

日もちなどの注意事項
製造日より1か月（常温）

住所	愛媛県今治市上浦町瀬戸2342		
TEL	0897-87-2131	**FAX**	0897-87-2131
営業時間	11：00～17：00		
定休日	火、金		
注文方法	TEL、FAX、ネット		

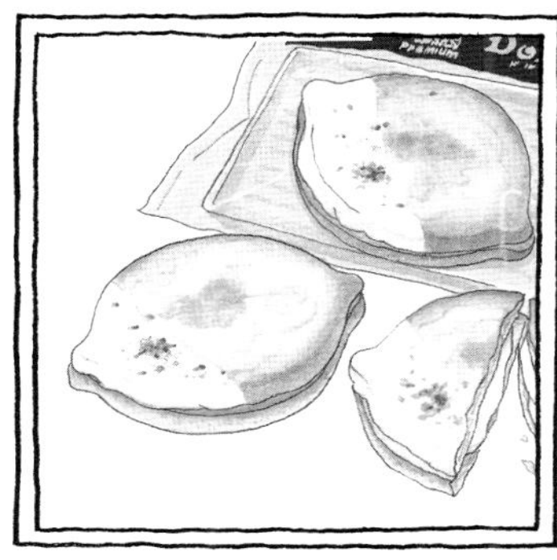

田那部青果
ちゅうちゅうゼリー
きまぐれセット10個入（エコ包装）

愛媛県のご当地ものといえば〜？

やっぱりみかん系！？

EHIME

柑橘王国・愛媛県で、地元の人にも観光客にも人気のゼリーを松山市のみかん専門青果問屋 田那部青果よりおとりよせしてみました！

ちゅうちゅうゼリー
きまぐれセット10個入（エコ包装）

ミニサイズの"みかん箱ダンボール"でやってきます

かわいい〜っ

太めの吸い口

旬のちゅうちゅうゼリー 温州みかん

旬のちゅうちゅうゼリー はるか

愛媛県産の厳選された完熟果汁をたっぷり使ったパウチ型の飲むゼリー。柑橘のプロである問屋さんが作るゼリーとあって20種類の柑橘の中からその時旬のものがお店側のセレクトで届けられるのも特徴です。

この時届いたのは温州みかん、伊予柑 はれひめ、はるか、ポンカンの5種類！

では…ちゅーっと！

うわっ
みかんの味が濃い！
みずみずしい！

温州みかんゼリーひとつに、みかんを9〜14コ使ってるというだけあってとにかくフレッシュ！ゼリーの、やわらかさの中にコシのある食感も絶妙〜！

飲みおえてもしばし

ほう〜っ

…と

甘酸っぱさの余韻にひたれちゅうゼリーでした☆

注文は次の見開きへ

高知アイス
ミレービスケットアイス

高知県のロングセラー銘菓
ミレービスケット のアイスを
発見！レッツおとりよせ!!

ミレービスケット アイス

ミルクアイスの上にまるごとの
ミレービスケットが２枚トッピング
され、アイスの中にも砕かれた
ビスケットが入っています。

トッピングされた２枚はミレービスケットの
特徴でもある固い食感は残っていて
砕きながら食べると…

ビスケットの香ばしさとほんのりの
塩気、ミルキーな甘みが
絶妙〜〜〜〜。

ビスケットとの相性を考えて
作られたアイスはさっぱりしつつもコクがあり、
シャリシャリとした舌ざわり。

素朴でどこかほっとするような…そんな涼を感じられるアイスでした！

みんなでワイワイおやつに食べたい！

田那部青果

ちゅうちゅうゼリー

きまぐれセット10個入（エコ包装）

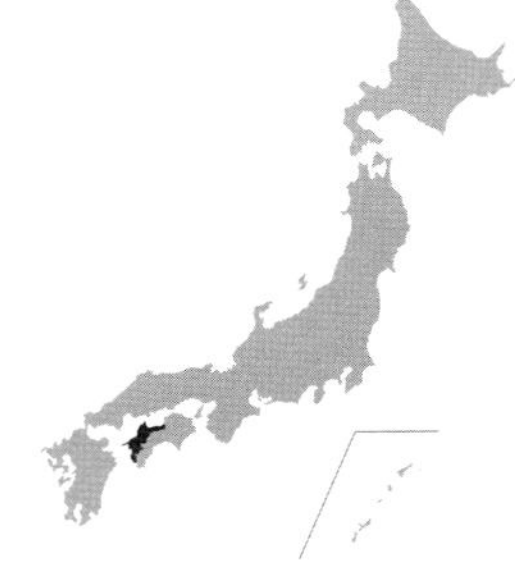

価格　4000円（税込・送料込）

内容量　10個入（各175g）

日もちなどの注意事項
製造日より3か月（常温）

住所	愛媛県松山市春美町2-10		
TEL	089-989-8995	**FAX**	089-989-8997
営業時間	8：00～17：00		
定休日	日、祝、会社休業日（土曜不定休）		
注文方法	TEL、 ネット		

三日月屋

天然酵母のクロワッサン

人気の5種詰合わせギフト

価格　1260円（税込・送料別）

内容量　5個入（プレーン、メープル、チョコ、紅茶、きなこ×各1）

日もちなどの注意事項
製造日含め4週間（冷凍）／解凍日含め3日（常温）

住所	福岡県北九州市若松区北浜1-2-24		
TEL	0120-22-9683	**FAX**	093-771-0993
営業時間	9：00～18：00		
定休日	なし（12/31～1/3休み）		
注文方法	TEL、FAX、ネット		

佐嘉平川屋
嬉野温泉名物 温泉湯豆腐

はぁっ～疲れた…
のんびり温泉につかりたい…

ご当地名物の
湯豆腐は
いかがですか!?

佐賀県嬉野温泉の温泉水で煮る温泉湯豆腐は、豆腐のとろとろな食感が特徴の名物料理。どんなとろけ具合なのか確かめるべく豆腐作りの老舗 佐嘉平川屋より おとりよせしました！

嬉野温泉名物
温泉湯豆腐

付属の調理水と、好みの大きさに切った豆腐を一緒に煮こむと…

コト…
コト…

10～15分後

透明だったスープが豆乳のように白濁し、豆腐は角が取れてほろほろに！

弱アルカリ性の成分が、豆腐のたんぱく質をとかすんだそうですヨー

佐賀

まずはシンプルにおしょうゆをつけてパクリ！

わ～！豆腐の表面がツルンとしてて
ふわふわくずれていく～

豆腐の中心はくずれきっておらず、弾力もあって 大豆の旨みがしっかり伝わります。全体的にやさしい味わいなので、付属の濃ゆいごまダレの味つけが個人的に好みでした。
そして、豆腐の旨みがとけたスープで作る雑炊がまた格別！

うは～!!
じんわり美味～っ

まるで温泉につかっているような
リラックス感を味わえる
いやしの湯豆腐でした!!

注文は次の見開きへ

長崎五島うどん
五島手延べうどん
お試しセット

Nagasaki

長崎の五島うどんって食べたことあります？

ない〜！
長崎の麺グルメっていうと皿うどんやちゃんぽんみたいな中華っぽいイメージが強いけどうどんも有名なんだ〜！

九州最西端の長崎県五島列島の特産品、**五島うどん**は、そうめんより太く、稲庭うどんより細い丸麺が特徴。地元では、ゆで上がったうどんを直接鍋からすくい、あごだしのつゆにつけて食べる"地獄炊き"がポピュラーなんだとか。

体があったまりそう！と、

長崎五島うどんよりおとりよせしてみました〜。

五島手延べうどん
お試しセット

パッケージがキレイ！

上五島産の焼きあご（トビウオ）の旨みがきいた"あごだしつゆ"。煮出して使うティーパックタイプ。

だしつゆと薬味を用意して、熱々をいただきま〜す！

お!?
見た目の細さとうらはらにコシがあってもちっとした歯ごたえの麺だねぇ〜

舌ざわりがなめらかでツルツルとすべるように食べられます〜

このうどん、小麦粉、塩、水をまぜた生地に、五島の特産でもある"椿油"をぬりながら丹念に手延べされたもの。すきとおったキレイなこはく色のあごだしつゆも香りがよく、さっぱりしつつ深〜い味わい。
お鍋や豚しゃぶのつけつゆにも合いそう！

おいしくってうどんをすすりつつおつゆも飲んじゃう〜

地元では、このあごだしつゆの他にしょうゆをたらしたとき卵につけて食べたりもするそう。こちらは、うどんが細いので卵によく絡んでふつうの釜たまうどんより濃厚なおいしさでした。のどごしがすごくいいので、暑い時期は冷やしていただくのがグー！
一見、きゃしゃで繊細そうな子が実は芯が強かった…！かのようなギャップが味わえるうどんでした！

寒い季節が恋しくなる〜

佐嘉平川屋

嬉野温泉名物 温泉湯豆腐

価格 2160円（税込・送料別）

内容量 3～5人分（温泉とうふ400g×3、温泉とうふ用調理水1L×1、胡麻だれ150ml×1、生姜×2、柚子こしょう×2、すりごま×1）

日もちなどの注意事項
出荷日含め9日（冷蔵）

住所	佐賀県武雄市北方町大字志久600-1
TEL	0120-35-4112　**FAX** 0954-36-4339
営業時間	9：00～17：00
定休日	日
注文方法	TEL、FAX、ネット

長崎五島うどん

五島手延べうどん

お試しセット

価格　1620円（税込・送料別）

内容量　五島うどん200g×3、飛魚だしつゆ10g×5

日もちなどの注意事項

製造日より1年（常温）

問い合わせ

住所	長崎県南松浦郡新上五島町有川郷578-24		
TEL	0959-42-1560	**FAX**	0959-42-1570
営業時間	8：30～17：15		
定休日	土、日、祝		
注文方法	TEL、FAX、ネット		

きなこーや

金のみたらし栗ケーキ

Kumamoto

今回みつけたのは
みたらしのタレをかけて
食べる…

おだんご〜??

…じゃなくて
パウンドケーキ!?

地元の素材を使ってオリジナル和スイーツを作る熊本県の製菓店 きなこーや で、個性的な栗のケーキを発見！ ケーキ×みたらしの相性を探るべく おとりよせしてみました〜。

金のみたらし栗ケーキ

そもそも このケーキ、"熊本のしょうゆを使ったケーキを作りたい"と生みだされた一品。しょうゆの風味をより感じられる、と みたらしのタレをかける スタイルになり、みたらしに合うようにと 生地に焦がしバターと 白あんを 練りこんだ 和ケーキです。

別添えの
みたらしのタレを
かけてパクリ！

ケーキの中には
熊本県産
渋皮栗がゴロゴロ入っていてぜいたく！

大粒

わ！
みたらしが濃い！
…けど

その後ろからバターの風味と
栗の甘さがおいかけてくる〜っ

みたらしがわりとしょっぱめなので、ケーキのまろやかさが口の中できゅ〜〜っと引きしまる感じは かなり新鮮！
はじめは何もつけずに食べてから少しずつタレをかけると味の変化がよりわかってオススメです。しょうゆの香ばしさ、甘じょっぱさを堪能できる和ケーキでした！

注文は次の見開きへ

かわべ
ごまだし

ごまだし とは、大分県佐伯地方発祥の郷土料理。昔は漁師の家庭などで作られていた保存食ですが、通販可能な市販品もあると知り、地元の鮮魚店**かわべ**のものをおとりよせしました!

ごまだし

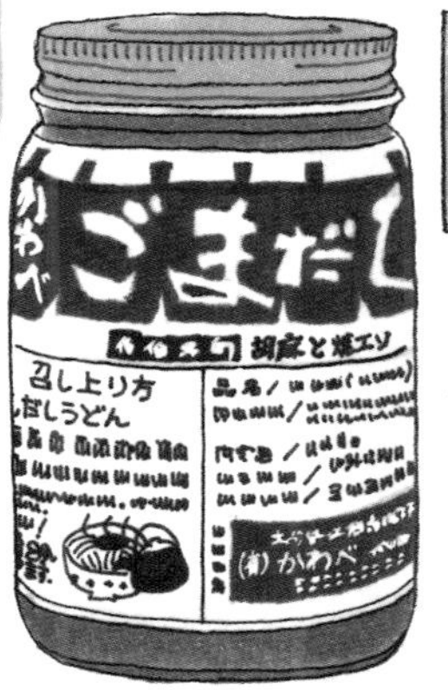

エソ(白身魚)を皮ごと焼いて身をほぐし、すったものにたっぷりのごま、しょうゆで味つけしたペースト状の調味料。

このごまだしを使ってうどんを食べる"ごまだしうどん"が有名。ゆでたうどんにごまだしをのせ、熱湯をかければでき上がり!

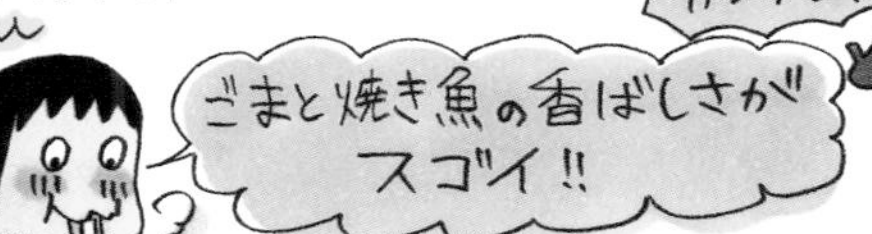

焼き魚を使っているので、生臭さがなく、魚のだしとごまの風味が濃くてウマ〜〜い

もともと、漁の忙しい合間に手早くうどんを食べられるようにと漁師のおかみさんたちが考えた究極のインスタント食品。魚とごまの旨みと温かさが凝縮した海のソウルフードでした!

ごまだしのお茶づけも味わい深いです

きなこーや

金のみたらし栗ケーキ

価格　2106円（税込・送料別）

内容量　1本（約縦16cm×横7.5cm×高さ3.5cm）

日もちなどの注意事項
発送日より2週間（常温）

住所	熊本県熊本市中央区新屋敷2-27-14
TEL	096-223-5305
営業時間	10：00〜18：00
定休日	なし（12/31〜1/1休み）
注文方法	TEL、 ネット

かわべ

ごまだし

価格　860円（税込・送料別）

内容量　200g

日もちなどの注意事項
3か月（冷蔵）

住所	大分県佐伯市中村南町9-41
TEL	0972-22-2171　＊繋がりにくい時は 090-1923-3262　**FAX**　0972-22-2171
営業時間	9：00～20：00
定休日	なし（不定休あり）
注文方法	TEL、FAX

スモーク・エース
鶏炭火焼

宮崎の名物といえば地鶏だけど～

チキン南蛮とかね！

鶏炭火焼、ってのもあるんです！

一口サイズの鶏モモ肉を強い炭火で炭の色がつくまで焼くのが鶏炭火焼。宮崎ではポピュラーな鶏の食べ方なんだとか。そんな地元の味をみやげ用商品にして大評判のコチラをおとりよせしてみましたー！

鶏炭火焼

くんせい専門店スモーク・エースより！

くっ黒いっっ

お初の人は少々ビックリする見た目ですが、この黒さは鶏肉を炭の火と煙でいぶすこの店オリジナルの「すぼり製法」によるもの。

そのままでもOKですが、軽く温めるとよりおいしいとのことでフライパンで炒めて…いただきます！

炭火の香ばしさがスゴイ！お店で食べる味にかなり近いんじゃない!?

お肉は弾力がありながらもやわらかく、かみしめるたびいぶされてとじこめられた旨みがジュワー♡と広がります。後味にほんのり広がるピリ辛さもあって、つまみにバッチリ！一瞬、焼き鳥屋さんにいるかのような気分にもさせてくれる一品でした～。

注文は次の見開きへ

FUKU＋RE

ふくれ菓子 4種セット

Kagoshima

"ふくれ菓子"とは鹿児島の郷土菓子で小麦粉と砂糖と重曹をまぜ、せいろで蒸した蒸しパン風のおやつのこと。

このふくれ菓子を地元に伝わる手法と素材を活かしながらモダンに進化させた商品を発見!

ふくれ菓子 4種セット

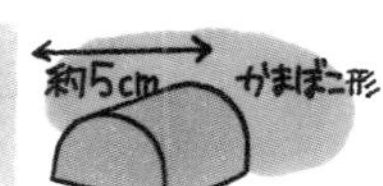

Peche mignon（ペッシェ ミニョン）

Kirishima（キリシマ）

Sambo（サンボ）

Ko-mikan（コミカン）

ココアベースのふくれ生地にすももをまぜこんだもの。

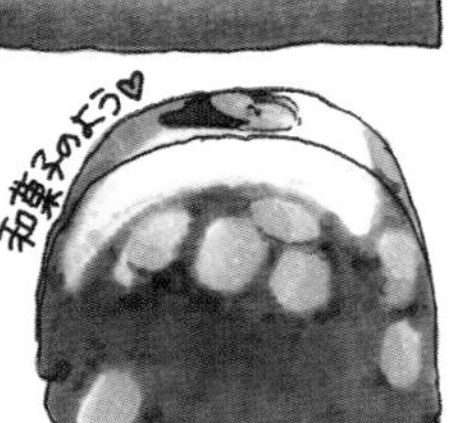

県内産の緑茶粉末と手亡豆を練りこんだもの。

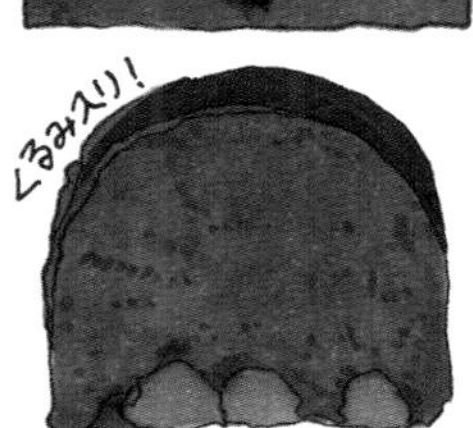

喜界島の純黒糖を使った、昔ながらのふくれ菓子に近いもの。

生姜のコンフィチュール入りの生地に桜島小みかんのグラッセをまぜこんだもの。

季節の葉や花、木の実などのデコレーションやパッケージにいたるまで、本当にハイセンスですてきでした。美しくて味がいい…まさに"美味しい"蒸し菓子!! 大切な人への贈りものにオススメです✨

この美しさ、アートです!

スモーク・エース
鶏炭火焼

価格　1080円（税込・送料別）

内容量　180g

日もちなどの注意事項
発送日含め14日（冷蔵）／60日（冷凍）

住所	宮崎県宮崎市本郷北方181-9		
TEL	0120-56-8875	**FAX**	0985-56-8865
営業時間	9：30～17：00		
定休日	土、日、祝		
注文方法	TEL、 FAX、 ネット		

FUKU＋RE

ふくれ菓子 4種セット

価格 2570円（税込・送料別）

内容量 4個入（コミカン・サンボ・キリシマ・ペッシェミニョン×各1）
＊セット内容変更の可能性あり

日もちなどの注意事項
到着日から4～5日（冷蔵）

住所	鹿児島県鹿児島市名山町2-1-2F
TEL	099-210-7447
営業時間	10：00～16：00
定休日	日、月
注文方法	ネット

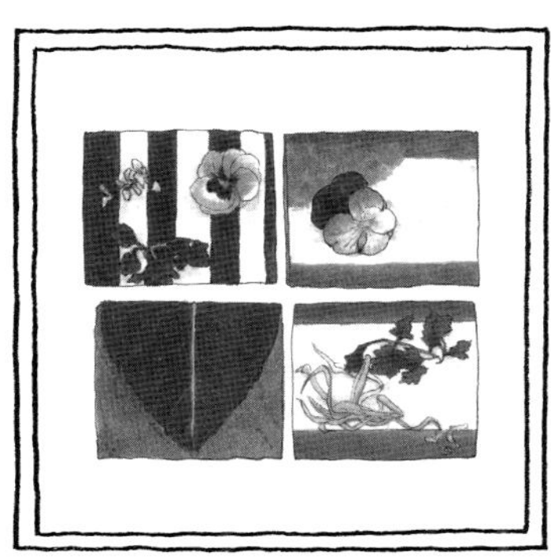

黒豚屋佐藤

黒豚しゃぶしゃぶ鍋ダシセット

鹿児島県から黒豚しゃぶしゃぶをおとりよせしました♪
黒豚の産地として有名な鹿児島県。黒豚の研究も盛んに行われていて、"かごしま黒豚"の知名度は全国区。

黒豚、といっても全身まっ黒じゃなくて、足先、鼻先、尾の6か所が白いんだって！

六白といいます

黒豚しゃぶしゃぶ鍋ダシセット

どっさり

注文したお店は、六白専門店・黒豚屋佐藤。
薄～くスライスされたお肉は見るからに上質！
取り分けやすいように肉の一段一段にラップがはさんである心配りが嬉しかった！

さてさて、お鍋の準備ができたら…

ぐつぐつわき立つ湯の中にお肉をくぐらせて～…まずは素材の味はどんなものか何もつけずに一口…っ

ん！やわらかっ！お肉の旨みがしっかり！

ロースはさっぱり歯切れよく、バラは脂身がとろんとろんで甘～い！

しゃぶしゃぶというと、肉にポン酢やごまダレをつけて食べますが、ここではカツオだしをベースにした自家製のつゆにつけて食べるのが特徴。

鹿児島では、だし汁やそばつゆをつけて食べるしゃぶしゃぶが多いみたい

食欲をそそる黄金色のつゆ…

このつゆにつけるとお肉の甘みが増すー!!まろやか～っ

脂身の多いバラ肉は、特に相性バツグン。好みの濃さに調節すればスープにも♥ しゃぶしゃぶってタレの味が強いとお肉の味が消えがちですが、このつゆだとお肉の旨みも味わいつつさっぱりいただけるので、たくさんお肉が食べられちゃいます！
…とはいえお肉**1kg**は料理店のしゃぶしゃぶ7人前相当で、お鍋として楽しむなら多人数向け。あまった分を別料理に使うのもオススメです。

おいしくて調子にのって食べ続けてしまった我々は、しめの雑炊までいかずにまんぷくダウン…！

うまうまな黒豚をハフハフおなかいっぱい食べられる満足確実の鍋セットでした！

注文は次の見開きへ

ふくぎや
ガジュマル
フクギ

今回は沖縄生まれのバウムクーヘンをピックアップしましたヨ

へ〜！沖縄のお菓子でバウムクーヘンって新鮮だねえっ

沖縄らしいお菓子というと、ちんすこうやサーターアンダギーあたりが定番ですが、沖縄初のバウムクーヘン専門店の黒糖バウムクーヘンがうまい！と耳にし、さっそくおとりよせしてみました〜。

沖縄県那覇市に2011年にオープンしたふくぎやの

ガジュマル

"フクギ"も"ガジュマル"も沖縄の樹木の名前です

色といい、形といい、リアルな切り株みたいだね〜

沖縄県産にこだわって、今帰仁(なきじん)産の黒糖と、塩、卵を使った生地を20層以上焼き重ねた手作りバウムクーヘン。

太い根が絡み合っているおもしろい見た目の木、ガジュマル。

今やすっかり「ソフトタイプ」と「ハードタイプ」に二分されたバウムクーヘン業界ですがこれは「ハードタイプ」です

もっきゅ もっきゅ

しっかりしつつ、やわらかい絶妙な生地の弾力が好み〜っ

練りこまれた黒糖のこっくりとした甘みも、クドくないほどよさで美味！黒糖でコーティングされた外側のサクサク感もまたカクベツです。バウムクーヘンというと、パサパサ感が苦手、という人もいますが、350℃以上の高温で時間をかけてじっくり焼き上げているこのバウムったら口当たりが超しっとり♡ ちなみに…

プレーンタイプのバウムクーヘン

フクギ

もあります。

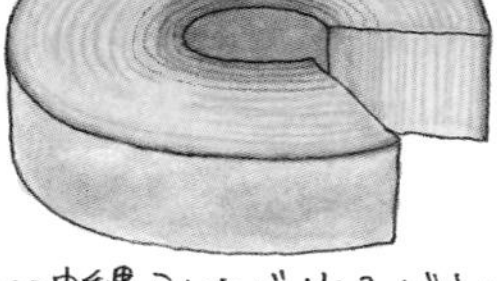

こちらははちみつの香りただようやわらかふわふわソフトタイプ。ものすんごくやさしい甘さでほっとするお味。

自分買いはもちろん、バウムクーヘンは木の年輪を表すおめでたいお菓子なので贈りものにもグー。

沖縄〜

いきたくなっちゃった〜

特に「ガジュマル」はすごく沖縄らしさが光るバウムクーヘンでした！

ハードかソフトか選べないおいしさ

黒豚屋佐藤

黒豚しゃぶしゃぶ鍋ダシセット

価格　4212円（税込・送料別）

内容量　ロース肉、バラ肉×各500g、鍋ダシ

日もちなどの注意事項
加工日より2か月（冷凍）

住所	鹿児島県鹿児島市犬迫町509-1
TEL	099-238-3710　**FAX**　099-238-3711
営業時間	10：00～18：00
定休日	土、日、祝
注文方法	TEL、FAX、ネット

ふくぎや

ガジュマル

フクギ

価格　「ガジュマル」1300円／「フクギ」1180円（共に税込・送料別）

内容量　共にSサイズ（直径15cm×厚み4cm）

日もちなどの注意事項

共に製造日含め14日間（常温）＊製造日含め3日以降は冷蔵保存がおすすめ

住所	沖縄県那覇市久茂地3-29-67
TEL	098-863-8006
営業時間	10：00～22：00
定休日	なし
注文方法	ネット

ご当地食を通しての日本一周おうち旅はいかがでしたでしょうか。食べてみたい！ と気になるものがみつかったり、おなかすいたー！と思ってくださったりしたら本当に嬉しいです。

この本は女性漫画誌『ココハナ』に「うち旅」というイラストコラムで7年あまり連載していたものを加筆・再編集したものです。長期間の連載ゆえページによって文字の量や大きさにバラつきが出てしまい、気になった方はすみません。

その連載の前には『ココハナ』の前身である『コーラス』でも「はらぺこ おとりよせ便」という同様のイラストコラムを3年間連載していたので合わせて約10年(!!)もの期間、おとりよせレポをやらせていただきました。あらためて数字として認識すると驚きですが、私にとっては月に一回というペースでおいしいものを発見できるとても幸せなルーティンになっていて、気がついたら10年たっていたという感覚です。

今でこそ食べもののイラストのお仕事をいろいろやらせていただいている私ですが、フリーランスになったばかりの頃はキャラクターイラストがメインでした。そのキャラクターが登場する旅イラストエッセイの本を制作することになり、そこで風景や建物、室内など初めて描くものの多さにとても苦労したのですが、描いていてとにかく楽しかったのが食べものやおみやげの部類でした。

マーカーのインクの色を重ねて重ねて…だんだん完成に近づいていく過程やおいしそうに仕上がった時の至福感は、幼い頃、夢中で絵を描いていた時に感じたものと似ていて、もっと描きたい、こういう絵でお仕事がきたらいいな、なんて思っていたまさにその時、旅イラストエッセイを読んでくれた担当の古市さんから『コーラス』での連載にお声がけいただいたのでした。

漫画家でもフードコラムニストでもない私が、どんなふうに商品を紹介していこうか…。写真ではなくモノクロのイラスト(雑誌掲載時はモノクロでした)で、どこまでおいしそうに見せられるか…。

そんなふうに自分なりの表現方法を探りながら、だんだんと今のイラストスタイルをつくり、連載を重ねながら経験を積ませてもらった、私にとってとても大切で思い入れの深いお仕事になりました。

さらには連載終了後「本にまとめましょう!」と古市さんと「はらぺこ おとりよせ便」の書籍化でもお世話になった学芸編集部の呉さんが、書籍化のためにバリバリと動いてくださり…もう感謝しかありません。

最後に。

連載を依頼してくださった時から今まで長きにわたり商品のリサーチや手配、お運びを担当してくださった古市さん、本当に本当にありがとうございました。月一で商品を持ってきてくれて、他愛もないおしゃべりをする時間がたまらなく好きでした。

学芸編集部の岸尾さん、かわいく仕上げてくださったデザイナーの宇都宮さん、掲載を許可してくださったお店など、本書に携わってくださった方々、大変お世話になりました。そして、大変お忙しい中くらもちふさこ先生が、帯にイラストとコメントを寄稿してくださいました…！ しかも何パターンもアイディアを出していただくという神対応に大感激。本当にありがとうございました！

何より、この本を手に取ってくださった読者のみなさまに超特盛りのお礼を!

最後までおつきあいいただき、どうもありがとうございました!!

たかはしみき

イラストレーター、キャラクターデザイナー。1975年千葉県生まれ。文具メーカーにて「こげぱん」「あまぐりちゃん」などのキャラクター原案、文具デザイン、絵本制作を手がける。2002年よりフリーランスで活動中。近年は子育て・生活・食レポート関連の著作多数。近著に『カアチャン本舗』『わたし、39歳で「閉経」っていわれました』(共に主婦と生活社)、『はらぺこ おとりよせ便』(集英社)など。

カバー・本文デザイン　宇都宮三鈴
編集　呉 瑛雅、古市容子

初出 『ココハナ』2012年1月号～2019年5月号
単行本化にあたり、加筆・修正・着彩しました。

おうちでしあわせ
日本全国まるごとおとりよせ便

2020年4月29日　第1刷発行

著者　たかはしみき
発行者　茨木政彦
発行所　株式会社 集英社
〒101-8050　東京都千代田区一ツ橋2-5-10
電　話　編集部(03) 3230-6141
読者係(03) 3230-6080
販売部(03) 3230-6393(書店専用)
印刷所　大日本印刷株式会社
製本所　ナショナル製本協同組合

定価はカバーに表示してあります。

ISBN978-4-08-781680-8　C0095